U0079416

火曜日

自然 常識
知多少!

CHAPTER 1
神奇的植物

CHAPTER 2
奇妙的動物

CHAPTER
1

神奇的植物

自然界植物進化的過程

　　大約 30 億年前，地球上已出現了植物。最初的植物，結構極為簡單，種類也很貧乏，並且都生活在水域中；經過數億年的漫長歲月，有些植物從水中轉移到陸地上生活。陸地上的環境條件不同於水中，生活條件是多種多樣的，而且變化很大。

　　比如說，植物在水中生活時，用身體的整個表面吸收養料，而在陸地上就需要專門的器官，一方面從土壤吸收水分和礦物質，另一方面從大氣中吸收二氧化碳和氧氣。植物在進化的過程中，它不斷的與外界環境條件作鬥爭。環境不斷在發生變化，植物的形態

結構和生理功能也必然會跟著發生變化。

　　由於某些地理的阻礙而發生的地理隔離，如海洋、大片陸地、高山和沙漠等，使許多生物不能自由的從一個地區向另一個地區遷移，這樣，就使在海洋東岸的種群跟西岸的種群隔離了。隔離使得不同的種群有機會在不同條件下累積不同的變異，由此出現了形態差異、生理差異、生態差異或染色體畸變等現象，進而實現了生殖隔離。這樣，新的種類就形成了。

　　在自然條件下，植物透過相互自然雜交或人類的長期培育，也使植物界不斷產生新類型新品種。今天，在海洋、湖沼、南北極、溫帶、熱帶、酷熱的荒漠、寒冷的高山等不同的生活環境中，我們到處都可以遇到各種不同的植物，它們的外部形態和內部構造以及顏色、習性、繁殖能力等，都是極不同的。所有這些都表明植物對環境的適應具有多樣性，因而，形成了形形色色的不同種類的植物。經過研究發現，海洋是生命的搖籃，海洋中最早出現的植物是藍藻和細菌，

它們也是地球上早期出現的生物。它們在結構上比蛋白質團要完善得多，但是和現在最簡單的生物相比卻要簡單得多，它們沒有細胞的結構，就連細胞核也沒有，它們被稱為原核生物，在古老的地層中還可以找到它們的殘餘化石。

地球上出現的藍藻，數量極多，繁殖快，在新陳代謝中能把氧氣放出來。它的出現在改造大氣成分上取得了驚人的成績。在生物進化過程中，逐漸產生能自己利用太陽光和無機物製造有機物質的生物，並且出現了細胞核，如紅藻、綠藻等新類型。藻類在地球上曾有過一個幾萬世紀的全盛時代，它們植物體的組織逐漸複雜起來，達到了更完善的程度。

由於氣候變遷，生長在水裡的一些藻類，被迫接觸陸地，逐漸演化為蕨類植物，這一時代以後便出現了裸子植物。大約1億年以前，在地形上爆發了一個植物界最大的家族——被子植物。它們快速發展起來，整個植物面貌與現代植物已非常接近，直到現在，

還是被子植物的天下。就這樣，植物在漫長的歲月中，幾經巨大而又極其複雜的過程，幾經興衰，由無生命力到有生命力，由低級到高級，由簡單到複雜，由水生到陸生，才出現了今日形形色色的植物界。

地球上最早的陸生植物化石，出現在晚志留紀至早泥盆紀的陸相沉積物中，表明距今 4 億年前植物已由海洋推向大陸，實現了登陸的偉大歷史進程。植物的登陸，改變了以往大陸一片荒漠的景觀，使大陸逐漸披上綠裝而富有生機。

不僅如此，陸生植物的出現與進化發展，完善了全球生態體系。陸生植物具有更強的生產能力，它不僅以海生藻類無法比擬的生產力製造出糖類，而且在光合作用過程中大量吸收大氣中的 CO_2，排放出大量的游離氧 O_2，進而改善了大氣圈的成分比，為提高大氣中游離氧量作出了重大貢獻。因此，4 億年前的植物登陸是地球發展史上的一個偉大事件，甚至可以說，如果沒有植物的登陸成功，便沒有今日的世界。

有趣的植物名稱

　　在中國北京地區有一種很常見的早春開花植物，每年3月初就開出杏黃色的花朵，所以人們都叫它迎春。中國種子植物種類繁多，大約有3萬種，有趣的植物名稱也非常多。

　　人們往往根據植物的某些特徵、來歷、生境等給它們取名字。比如，毛茛科植物白頭翁，它的聚合瘦果上宿存有羽毛狀的花柱，猶如白髮蒼蒼的老翁，所以人們叫它白頭翁。馬兜鈴的果實下垂呈橢圓形，很像掛在馬脖子上的銅鈴。金錢草的葉片像個銅錢。馬鞭草的穗狀花序形似馬鞭。狐尾木的花序像狐狸的尾巴。冬青科植物構骨又名鳥不宿，它的小枝葉長得很

密，並長有硬刺，鳥不能在上面做窩。五加科的木在莖葉上長滿銳刺，故又名鵲不踏。桐珙開花時，兩片白色的苞片好似飛翔的和平鴿，所以這種樹又叫鴿子樹。植物各部分的顏色差異，是命名的依據之一。菊科的墨旱蓮，它的莖折斷時，傷口會流出墨黑色的汁液，紫穗槐的花序呈紫色。另外白皮松、綠豆、黃豆、紫檀、黃檀等都是以顏色命名的。

因味道不同而取名的植物有甜菜、苦瓜、辣椒、酸棗、苦參、甘草、五味子等。香氣濃郁的留蘭香、果實有臭味的雞屎籐、植物體有臭味的臭牡丹，葉子有臭味的臭椿，葉片有魚腥氣的魚腥草都是因氣味而得名的。夏枯草、秋葵、半夏、臘梅是以生長季節取名的。甘肅山楂、日本小檗、峨眉薔薇、北京丁香等則是根據產地取名的。有些植物名前加洋、番、胡等字，如洋蔥、洋水仙、番茄、番紅花、番石榴、番瓜、胡桃、胡椒等則多為從國外引進的。

有的植物是用數字取名的，如一葉蘭、二色補血

草、三稜箭、四季海棠、五色梅、六月雪、七葉一枝花、八月柞、九里香、十大功勞等。

有些花草名稱和禽鳥有關，如雞冠花（花穗似雞冠），老鸛草（它有鸛嘴似的「長喙」）。至於杜鵑花，據《南越筆記》云：「杜鵑花以杜鵑啼時開，故名。」

有些植物的名字還寓有美麗的民間傳說，如罌粟科植物麗春花，民間叫虞美人，這裡還有一個美麗動人的傳說。秦朝末年，楚漢相爭，楚霸王項羽，被漢軍圍於垓下，接近黎明時，戰鼓催促項羽決戰。項羽的妻子虞姬看到四面已被漢軍所圍，為了解除項羽作戰的後顧之憂，便抽出項羽腰間的寶劍自刎，倒在了項羽的腳下。後來項羽戰敗，也用同一把寶劍自殺了。以後，在項羽和虞姬的墓地四周，開滿了麗春花，美如虞姬的容貌，人們就稱這種花為虞美人。

還有些植物名稱則是有紀念意義的，如何首烏、徐長卿、劉寄奴等都是為紀念發現這些植物藥用價值的人而得名的。

千奇百怪的種子

在植物學上，種子是指由胚珠發育而成的繁殖器官。胚珠裸露，外面無子房包被的，稱為裸子植物，如松、柏、杉、銀杏等；胚珠生在子房內，為子房包被的，稱為被子植物，如桃、梨、梅等。在農林業生產上，「種子」的含義則較廣，凡是能用作繁殖後代或擴大再生產的任何植物部分，都可稱為「種子」。

一、千姿百態的種子

據植物分類學家統計，目前世界上產生種子的植物，約有 20 多萬種，其中多數是被子植物，裸子植物僅有 500 餘種。在這紛繁龐大的植物家族中，各種植物種子的形狀千姿百態，無奇不有。有的種子滾圓，有的種子尖得像根針，有的好似古代矛和盾，還有的

扭成螺旋狀，等等。即便是同一樹種的種子，也有圓形、半圓形、三角形等多種多樣的形狀。不明真相的人，很可能把它們當做不同樹種的種子。更有趣的是，一些植物的種子，長有尖角或渾身具刺，使那些喜歡取食的小動物，對它們無可奈何，望而興歎。在熱帶地區生長的紅樹，其種子像根長棒，在母體上時，其一端就長出了根，另一端長出了葉子，掉到海灘上，很快就長成幼樹。

種子的大小和重量也有很大的差異。據記載，世界上的種子「冠軍」，是生長在非洲西印度洋中塞舌耳群島上的復椰子樹結的果實，大如籃球，重達30斤左右。可是，有些種子卻細小如塵土，人們用肉眼幾乎看不見，要放在顯微鏡下才能測量出它的大小。如桉樹的種子就比芝麻粒要小幾倍，楊樹的種子每一千粒重僅1.3克左右，而它們比起斑葉蘭的種子來卻又要大上幾十倍。

二、長壽與短命的種子

植物種子的壽命，是指在一定的環境條件下，能保持生命力的期限。種子壽命的長短，是由多方面因素決定的。據觀察記載表明，豆科、睡蓮科等植物的種子，一般具有比較長的壽命。在北美洲高空河流域永凍土層中發現的羽扇豆，至少已有 1 萬年以上，可是其中仍有一些種子能萌發。中國在遼寧普蘭地區的泥炭地層中，挖出距今已有 1000 年的古蓮子，經培植後，長出了碧綠的葉子，開出了清香麗質的花朵。這些種子真可謂是「老壽星」了。

與此相反，有些植物的種子，當它們成熟後，只有幾天的壽命，有的僅能活幾個小時。如柳樹的種子，大約半個月就完全失去生命力。更短命的是生長在非洲沙漠地帶的一種叫梭梭樹的種子，當其成熟後，在缺乏水分的情況下，幾個小時內就會死亡。種子壽命還取決於種子在母株上生長發育時的生態條件，以及採收、脫粒、乾燥和貯藏過程中所受的影響。

中國亞熱帶地區生長的杉木種子，在自然狀況下貯藏 1 年，就會完全失去生活力；但在低溫、乾燥、密封狀況下貯藏 3 年，仍有一定數量的種子發芽。因此，如何控制外界因子，創造適宜種子生活的條件，對延長種子壽命、擴大再生產具有極其重要的意義。

三、種子的休眠現象

約在 1915 年，有位日本種子工作者，曾做過這樣一個試驗：他把剛採收回來的苜蓿種子，放在培養皿內，並保持一定的濕度、空氣和溫度條件，但時間一天天地過去，培養皿內的種子卻毫無動靜。直到 1927 年，這些種子才開始新的生活，長出嫩芽和綠葉。這一覺整整睡了 12 個年頭。

據研究，許多林木的種子，如核桃、香榧子、糖槭、山楂、銀杏等播到地裡後，都要在泥土裡平穩的睡上一年，或更長的時間才能萌發。種子的這種沉睡現象叫休眠，這是自然選擇的結果，也是生物界較為普遍的生理現象，溫帶植物的種子尤為突出，熱帶、

亞熱帶地區的許多樹木的種子也有此現象。

　　種子休眠的主要因素是：種胚未成熟、種子未完成後熟、種皮的影響、某些抑制發芽物質的存在、不適合發芽的條件等單純因素或綜合因素所造成的。

　　種子休眠現象，有時有利，它可以使某些植物種子避免不良的環境影響，而使其保存下來；有時不利，即不能及時萌發，妨礙育苗工作。按照種子的這一特性，可以為各種種子的需要提供不同的條件，以更好的保存種子。還可以透過變溫、層積等處理，打破休眠，促進發芽，及時進行育苗繁殖工作。

四、五光十色的種子

　　各種植物的種子，由於有不同的色素，往往出現各種不同的顏色和斑紋，有的鮮明，有的暗淡，有的富有光澤。若是把這些不同顏色的種子組成一幅圖案，那艷麗的程度是任何人工色彩都無法比擬的。

　　對於種子的顏色，在科學上不僅可作為鑑別某植物種的一個重要特徵，更有趣的是人們利用其美麗的

018

天然顏色，可加工製作成珍貴的裝飾品，而被青年男女視為忠貞愛情的信物，相互贈送。

蝶形花科海紅豆的種子（俗稱紅豆）就是一例。唐代詩人王維在詩中寫道：「紅豆生南國，春來發幾枝；勸君多採擷，此物最相思。」鮮紅的海紅豆除用來表達相互愛慕和懷念之心外，還被廣泛用在手飾、項鏈、頭飾等名貴的裝飾品上，美似珠寶，光彩奪目。

五、種子的力量

你知道種子的力量有多大嗎？石塊下面的小草，為了要生長，它不管上面的石頭有多麼重，也不管石塊與石塊中間的縫隙怎麼窄，總要曲曲折折的、頑強不屈的挺出地面來。它的根往土裡鑽，它的芽向地面透，這是一種巨大的力量。至於樹種的力量就更大了，它能把阻止它生長的石頭掀翻！一顆種子可能發出來的「力」，簡直超越一切。

你知道種子能剖開頭蓋骨嗎？

人的頭蓋骨結合得非常緻密，非常堅固。生理

學家和解剖學者，為了深入研究頭蓋骨的結構特徵，曾經用盡了各種方法要把它完整地分開，但都沒有成功。

　　後來有個人，受了種子被壓在石塊下面，而頑強鑽出石塊的小草的啟發解決了這個難題。植物種子的力量既然這麼大，可不可以用它來剖開頭蓋骨呢？

　　他認為這是可能的，於是他就把一些植物的種子放在頭蓋骨裡，配合了適當的溫度和濕度，使種子發芽。發芽後的種子，就產生了足夠的力量，它竟然鑽到頭蓋骨幾乎密不可分的縫隙裡，使勁地往出鑽、往出長。這樣，一切機械力量所不能做到的，將骨骼自然結合分開的事情，小小的種子辦到了。它不僅把人的頭蓋骨分開了，而且解剖得脈絡清楚，進而解決了人們研究頭蓋骨的一大難題。

植物也有嘴巴嗎

植物也有嘴巴嗎?當然,植物若沒嘴巴,一顆小小的種子怎麼能夠長成參天大樹呢?那為什麼看不見呢?一個原因是,植物的嘴巴非常秀氣,比「櫻桃小口一點點兒」還要小上千倍百倍;另一個原因是,植物的嘴巴是藏在地下的,自然就難以看到了。不信?讓我們來看看。

1648 年,比利時科學家海爾蒙特把一棵 2.5 公斤重的柳樹苗栽種到一個木桶裡,桶裡盛有事先稱過重量的土壤。在這以後,他只用純淨的雨水澆灌樹苗。為了防止灰塵落入,他還專門製作了桶蓋。5 年過去了,柳樹逐漸長大了。經過稱重,他驚訝的發現,柳

樹的重量增加了 80 多公斤，土壤也減少了不到 100 克。那麼，減少的 100 克土壤到哪裡去了呢？顯然是被植物體給「吃」掉用於自身的生長了。

生活在土壤中的是植物體的根，植物體是靠根來「吃東西」的。那麼，它主要是靠根的哪部分來「吃」的呢？植物是靠根毛區的根毛來「吃東西」的。

根毛是根毛區的外層細胞即表皮細胞產生的一種特殊結構，是由幼根尖端的表皮細胞向外突起產生的。根毛樣子像什麼呢？把它放在顯微鏡下看看，簡直就像從細胞外壁伸出來的外端封閉的瓶子。

根毛的長度由 0.15 毫米到 1 公分，直徑為百分之幾毫米。在形成根毛的吸收表皮上，佈滿一層膠黏的物質，能把根毛和土壤膠黏在一起，這是因為許多植物的根毛壁都含有一種膠質。所以若是把一株苗從土壤中拔出來，常常會看到被根毛緊緊纏繞住的土塊。

那麼，植物的根上有多少根毛呢？非常的多，每平方毫米上都有數百條根毛，有的能達到 2000 多條。

每一條根毛就相當於一張「嘴」，這張「嘴」長得奇特，因而「吃」起東西來也特別。

　　一般來說，一株玉米從出苗到結實所消耗的水分，要在 400 斤以上；要生產 1 噸小麥子粒，植株需要 1000 多噸水，那麼水是怎樣進入到植株體內的呢？

　　植物體是靠根，準確的說就是靠根毛，像吸管一樣吮吸土壤裡的水。但是這與嬰兒吮吸母奶可不大一樣，因為嬰兒吮吸的力量來自嬰兒本身，根毛吮吸的動力來自兩方面：當根內細胞液的濃度與土壤裡水的濃度有差值，而且是細胞液的濃度必須大於土壤溶液濃度時，根毛才能順利的把水吸收到細胞內，進入植物體；否則，將出現相反的情況。植物體在獲得水分的同時，也獲得了溶解在水中的無機鹽和有機物，維持植物生命活動的需要。

　　看，奇特的「嘴」的吃法當然也是與眾不同的，它靠的是濃度差的力量——或者說是根壓的力量，把水吸入到體內的。

形形色色植物的根

023

　　不同植物的根，形態不一樣。不知你見過大豆、棉花、苜蓿的根沒有？它們的中間有一條又粗又大又長又直的根，稱主根，很容易找到，在它上面又長出有許多杈杈。主根是種子萌發時，首先衝破種皮伸出來的白嫩的胚根發育成的。也就是說，現在菜市場上隨處可見的黃豆芽、綠豆芽，把其埋在土壤中繼續生長發育，就能形成黃豆或綠豆植株的主根，上面的杈杈叫做側根。像這類能分出主次的根叫直系根。

　　但是玉米、小麥、水稻的根就很難分出主次根來。它們的根看起來像白鬍子老頭的鬍鬚，粗細、長短相差不多，這樣的根是怎麼形成的呢？原來這類植物的

種子萌發時，胚根很早就枯萎，只發育出大叢的鬚根，其實是從莖的基部產生出的不定根，這類根叫鬚根系。

還有一些植物的根，是變態根，跟上面的兩類根完全不一樣，功能也起了變化。例如各種蘿蔔，它們本身就是植物的主根，這種主根變得多肉、肥大，裡面貯藏了大量的水分和營養。蘿蔔的營養非常豐富，被譽為「小人參」。

秋海棠的葉子插進土壤裡就會長出根來。像這種從枝或葉上長出的根叫不定根。它不是從主根或側根上生出的根。

常言說：「獨木不成林。」獨木真的不能成林嗎？西雙版納森林裡的大榕樹，樹冠非常龐大，枝幹向下生出許多不定根垂到地面，入土後逐漸發育成枝幹那樣粗的支持根，支持著那龐大的樹冠。其中有一棵大榕樹的支持根形成的「樹林」佔地竟達6畝。世界最大的一株榕樹產在孟加拉，其支持根支持的樹幹可覆

蓋15畝左右的土地。這是多麼奇特的「獨木成林」
自然景觀啊！

　　還有一種根和土壤中的微生物生活在一起，那是
長根瘤的根和菌根。有一種植物很特殊，它吸附在其
他植物體上，吸收別的植物養料，像菟絲子，它沒有
葉，它的莖頂尖旋轉纏繞到其他植物體上，它的莖上
面長出一個小「癟」，刺到別的植物體的莖或葉中，
掠奪別的植物的營養和水分，導致別種植物的死亡，
真是軟刀子殺「人」不見「血」。這個小「癟」稱假根，
是一種寄生根。

千姿百態的葉

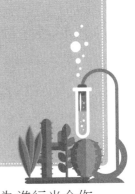

　　葉是維管植物營養器官之一。功能為進行光合作用合成有機物，並有蒸騰作用提供根系從外界吸收水和礦質營養的動力。

　　有葉片、葉柄和托葉三部分的稱「完全葉」，如缺葉柄或托葉的稱「不完全葉」。又有單葉和複葉之分。葉片是葉的主體，多呈片狀，有較大的表面積，適應接受光照和與外界進行氣體交流及水分蒸散。其內部結構分表皮、葉肉和維管束。

　　富含葉綠體的葉肉組織為進行光合作用的場所；表皮起保護作用，並透過氣孔從外界取得二氧化碳而向外界放出氧氣和水蒸氣；葉內分佈的維管束稱葉脈，

維持葉內的物質輸導。

葉的主要作用是進行光合作用和蒸騰作用。此外，植物枝條上的千姿百態的葉，片片柔綠、或是濃翠、或是嫣紅的葉片，也給人們帶來了美的享受。

葉子的形狀是多種多樣的。松針尖利細長，像是萬根綠針簇於枝條；楓葉五角分明，像天上的星星聚於樹端；圓圓的落葉，像一個個碩大的玉盤；田旋花似十八般兵器中的長戟；劍麻葉像一把把脫鞘而出的利劍；芭蕉葉像片片巨型青瓦，迎著雨聲辟啪作響；燈心草葉像是一把縫鞋底用的錐子；銀杏葉像是一把驅除炎熱的折扇；智利森林裡生長著一種大根乃拉草，它的一張葉片，能把3個並排騎馬的人連人帶馬都遮蓋住，像這樣大的葉子，有兩片就可以蓋一個五、六人住的臨時帳篷……葉子的形態說也說不完，而每片葉片都能勾起人們無盡的遐想。

葉子生長的位置也非常有特色。有的是單片生長於莖上，有的則是成雙結對，有的數片有規律地交錯

生長，有的緊貼在地面上。

　　葉子相互錯開的角度非常準確，有120°、137°、138°、144°、180°，從上往下看，可以看到片片葉子互相鑲嵌又絲毫沒有遮蓋。葉子之所以如此巧妙地安排，一方面可使植物受力均衡，再者則是為了最大限度地感受陽光雨露，由此看來葉子還有對稱之美。

　　夏天綠葉煥發出勃勃生機，秋天則是黃葉撲簌，那是另一種美。葉的世界真是美麗得很。

為什麼有些葉子
到了晚秋會變紅

　　到了深秋季節，人們採摘一片紅葉，夾在書中，壓扁風乾之後，煞是好看。因為紅葉由植物纖維構成，具有吸墨性；所以可用毛筆在其上面題詩作畫。繫上彩色的絲線，這既是一枚別緻的書籤，又是一件小小的天然工藝美術品。由於有唐代宮女良緣巧合的故事，便有了「紅葉題詩」的成語。

　　為什麼有些樹的葉子到了晚秋就由綠變紅呢？

　　植物的葉片裡，含有多種色素，它之所以青翠碧綠，是因為葉中所含的葉綠素佔全部色素的 80% 以上。此外，許多植物的葉中還含有花青素、葉黃素和

胡蘿蔔素等有機色素。

到了秋後，陽光減弱，天氣漸冷，地溫降低。這時，植物根部的細胞因受到刺激開始收縮，使吸收水分的能力變低，於是葉內水分也隨之減少。葉子白天透過光合作用製造的澱粉，由於葉子的運輸能力逐漸減弱，使植物體內輸送養料的能力受到影響，勢必使葉子製造的養料變成葡萄糖後，儲存在葉子裡的糖分越積越多，並逐漸變成了花青素。

與此同時，因低溫缺水發生分解作用，葉綠素形成停滯，越來越少，有一部分也會變成花青素。這樣，隨著天氣變冷，葉片中的葉綠素逐漸減少了，花青素含量便明顯增多。

實驗證明，花青素在酸性條件下呈紅色，在鹼性條件下呈藍色。而有些樹種如楓樹、槭樹、烏桕、黃櫨和柿樹等的葉子在正常情況下恰好多呈酸性，所以當葉內花青素達到一定的含量時，它們就容易變紅。怪不得人們把北京香山著名的深秋景色，稱之為「香

山紅葉」。唐代詩人杜牧曾以「霜葉紅於二月花」的
詩句讚美它的嬌艷。

　　那些不呈酸性的樹葉就不會變成紅色。例如銀
杏、白楊、五角楓等樹種到了秋後，葉內的葉綠素大
量解體消失，含有較多的葉黃素、胡蘿蔔素，就使樹
葉由綠變黃了。

031

為什麼植物會落葉

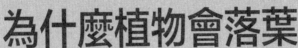

　　一夜秋風，遍地黃葉，人便會平添幾分惆悵。可你想過嗎？為什麼植物會落葉？誰是這幅蕭條的秋景圖的設計師呢？

　　早春，伴隨著聲聲春雷，萬物吐翠，嫩綠的枝芽慢慢展開了它的笑臉。如果說此刻的葉子尚處於旺盛生長的青年期的話，那仲夏的樹葉便已到了壯年期，它們旺盛的進行各種代謝活動，為植物體維持生命和生長提供必要的能量。但萬物有生必有死，葉子經過了它的青壯年以後，便開始步入暗淡的老年，開始衰老死亡了。

　　許多科學家們認為，葉子的衰老是由性生殖耗盡

植物營養引起的。不少實驗都指出,把植物的花和果實去掉,就可以延遲或阻止葉子的衰老,並認為這是由於減少了營養物質的競爭。如果有興趣的話,你不妨做這樣一個實驗,在大豆開花的季節,每天都把生長的花芽去掉,你會發現,與不去花芽的植株相比,去掉花芽的大豆的衰老明顯的延遲了些。

但是進一步觀察,你也發現,並不是所有植物都是這樣的。許多植物葉片的衰老,發生在開花結實以前,比如雌雄異株的菠菜在雄花形成時,葉子已經開始衰老了。這樣看來,衰老問題並不是那麼簡單。

隨著研究工作的逐步深入,人們現在知道,在葉片衰老過程中,蛋白質含量顯著下降,遺傳物質含量也下降,葉片的光合作用能力降低。在電子顯微鏡下可以看到,葉片衰老時,葉綠素遭到破壞。這些變化過程就是衰老的基礎,葉片衰老的最終結果就是落葉。

從形態解剖學角度研究,人們發現,落葉跟緊靠

葉柄基部的特殊結構——離層有關。在顯微鏡下可以觀察到，離層的薄壁細胞比周圍的細胞要小，在葉片衰老過程中，離層及其臨近細胞中的果酸叠和纖維素叠活性增加，結果使整個細胞溶解，形成了一個自然的斷裂面。但葉柄中的維管束細胞不溶解，因此衰老死亡的葉子還附著在枝條上。不過，這些維管束非常纖細，秋風一吹，它便抵擋不住，斷了筋骨，整個葉片便搖搖晃晃地墜向地面，了卻了葉落歸根的夙願。

　　說到這裡，你也許要問，為什麼落葉多發生在秋天而不是春天或夏天呢？是啊，為什麼沒有「春風掃落葉」呢？是因為秋風帶來的寒意嗎？

　　因為我們生活在溫帶地區，四季變化明顯，光照長短、水分、溫度等差異很大，所以我們只看到「秋風掃落葉」。實際上，在熱帶乾旱季節，也會出現春季落葉現象，只是沒有溫帶地區落葉現象明顯罷了。

　　落葉是植物正常的生理過程，是發生在植物體內的很複雜的過程之一。有許多文人墨客扼腕痛惜飄零

的落葉而揮墨灑文，可是你可曾想到過：落葉恰恰是樹木的自我保護策略，犧牲小我，而保全主體。

天冷了，人們要生上火爐，穿上棉衣，可是樹木呢，唯有脫盡全身的樹葉，以減少透過葉子而散失的大量水分，才能安全過冬。要不然天寒地凍，狂風呼號，樹根吸水已很困難了，而樹葉的蒸騰作用卻照常進行，想想看，等待樹木的除了死亡，還會有什麼呢？同樣道理，乾旱季節中的熱帶樹木的落葉也是自我保護的措施。

然而，水分是影響落葉的唯一原因嗎？

注意一下，秋天，馬路邊的路燈旁的樹木，在其他同伴已落盡的時候，卻總還有一些樹葉在寒風中艱難地挺立著，飄舞著。這就會使我們想到，落葉跟光照也有很密切的關係。實驗證明，增加光照可以延緩葉片的衰老和脫落，而且用紅光照射效果特別明顯；反過來，縮短光照時間則可以促使植物落葉。夏季一過，秋天來臨，日照逐漸縮短，似乎在提醒植株——

冬天來臨了。

　　那麼，是誰控制著葉子的脫落呢？經科學家艱苦的努力，終於找到了一種化學物質叫脫落酸，發現它與落葉很有關係，可以促使植物的葉脫落，同時也發現其他激素例如赤黴素和細胞分裂素起相反作用，能延緩葉的衰老和脫落。

　　所以到目前為止，植物落葉的原理還沒有完全弄清楚，但是可以肯定，落葉尤其是溫帶地區的樹木的落葉，是減少蒸騰，保全生命，準備安全過冬的一種本領。

千變萬化的果實

在開花植物中，能形成真正果實的植物是很多的。不過，由於各種植物果實本身結構特點的不同，果實的類型又是變化多端的。

有些植物果實的中果皮肉質化，而內果皮變成分離的漿質細胞，人們稱這類果實為漿果，如葡萄、番茄、柿子等；而香氣誘人的柑橘，被剝下的是外果皮和中果皮結合在一起的產物，果實中間分隔成瓣的為內果皮，這類果實叫做柑果；大家熟悉的向日葵、蕎麥等，它們的果皮乾燥瘦小，有時還很堅硬，只有剝開它們的果皮，才能取得真正的種子，這一類果實叫瘦果；有些果實長有翅膀，可乘風遠行，被稱為翅果，

如槭樹的種子；像栗子、榛子等植物的果實，外殼非常堅硬，裡面只有一枚種子，因它非常堅硬，故而稱為堅果；有的果實成熟後，果皮會自動裂開，如大豆等，被稱做莢果。此外，還有一些特殊的果實，如人們食用的肉質肥大的草莓果，真正食用的部分，是由花托變化而來的。草莓果上有無數芝麻粒狀的顆粒，這才是草莓真正的果實，這種果實叫聚合果。

大家熟悉的白果，是從銀杏樹上採下來的，剛採下時，圓鼓鼓的，有一層厚厚的肉。人們食用時，就把它外面的一層肉去掉，只剩下一個帶硬殼的白果。你別看它有肉有殼，而實際上卻是一個典型的冒牌果實。如果你仔細的觀察一下白果的生長過程，就會發現，銀杏樹上看不到像樣的「花」，更無法找到小瓶子狀的子房，看到的只是一顆裸露在外面的胚珠，它可以不斷的長大，最後形成白果。可見，白果不是果實，而是種子。其他像松、柏、杉等樹木，它們也只能結成種子，而沒有真正的果實。人們稱這一類植物

為裸子植物。

　　一般來說，有果實便一定會有種子。但也有特殊例外的情況，如香蕉，就是沒有種子的。怎麼會產生無子的果實呢？原來香蕉開花後，沒有經過受精，子房雖然發育長大了，但子房裡的胚珠由於未受精而不能發育成種子。這種現象叫做無子結實或單性結實。

花朵美麗的顏色是怎樣產生的

「萬紫千紅」是詩人對花朵的讚美。

的確，紅色的、紫色的、藍色的、白色的、黃色的花，五彩繽紛，惹人喜愛。那麼美麗的顏色是怎樣產生的呢？

原來在花瓣細胞裡存在各種色素，主要為三大類：第一類是類胡蘿蔔素，包括紅色、橙色及黃色素在內的許多色素；第二類叫類黃酮素，是使花瓣呈淺黃色至深黃色的色素；第三類叫花青素，花的橙色、粉紅、紅色、紫色、藍色都是由花青素引起的。

透過對被子植物花色的調查，人們發現花瓣呈白

色和黃色的最多。那麼，白色的花是怎麼回事呢？花呈現白色，是因為花瓣細胞裡不含什麼色素，而是充滿了小氣泡。你如果不信，用手捏一捏白色的花瓣，把裡面的小氣泡擠掉，它就成為無色透明的了。有些植物開黃花，那是因為花瓣細胞的葉綠體裡，含有大量的葉黃素。

有一種奇怪的黑薔薇花瓣呈黑色，但提取不出黑色素。原來，它是花青素和花青甘的紅色、藍色及紫色混在一起，使顏色加深時形成的一種近似黑色的色澤。植物形成色素必須消耗原料和能量，解剖可看到色素僅分佈於花瓣的上表皮中，花瓣內部是無色的，這說明植物以消耗最少的能量和材料達到了最佳的效果。

植物表現出美麗的色彩，除植物體內部具備產生色彩的內部條件外，環境條件如溫度、光照、水分、細胞內的酸鹼條件等，都會影響色素的表現。

就溫度而言，不同植物的花朵，所適應的溫度範

圍不同。喜溫植物開花,在溫度偏高時期,花朵色彩艷麗。如生性喜歡高溫的荷花,炎熱季節開放,花朵鮮艷奪目。絕大部分植物和一些喜低溫植物,在花期內遇偏高氣溫,花的顏色常常不太鮮艷。如春季開花的金魚草、三色菫、月季等,當花期遇30℃以上高溫時,不僅花量少且色彩黯淡。如果植物在開花時氣溫過低,不僅花色不鮮,且會間有雜色。

光照對花色的影響是非常重要的。多數植物喜歡在陽光下開放,缺少陽光,不僅花色差甚至開花也困難。大多數花隨著開放時間的變化,花色有所改變。一般黃色的花在花謝時變為黃白色。隨著接受日光照射時間的長短,花的顏色深淺也可引起變化。

留心觀察一下棉花的花,剛開放的花是乳黃色的,後來變成了紅色,最後變成了紫色,因此在一棵棉株上,常常同時開放著幾種不同顏色的花,這便是由於陽光照射和氣溫的變化,影響到花瓣細胞內的酸鹼性發生變化,最終引起色素顏色的改變。因此,花

的酸鹼度改變，也導致花色的改變。

你認得牽牛花吧？它的花朵像喇叭，顏色很多，有紅的、紫的、藍的、粉白的。如果你把一朵紅色的牽牛花，泡在肥皂水裡，這朵紅花頓時會變成藍花，再把這朵藍花泡到稀鹽酸的溶液裡，它又變成了紅花了！

水分也影響花色。花朵中含適量的水，才能展現美麗的色彩，而且維持得也較為長久。缺水時，花色常變深，如薔薇科的花朵缺水時，淡紅色花瓣會變成深紅色。

有趣的「花之最」

　　最香的花——普遍認為是素有「香祖」之稱的蘭花。蘭花還有「天下第一香」的美譽。香氣傳得最遠的花是十里香，屬薔薇科。

　　香味保持最久的花——是一種培育在澳大利亞的紫羅蘭，這種花乾枯後香味仍然不變。

　　最小的花——是熱帶果樹的菠蘿蜜花。平常看到的花是包含千萬朵小花的花序。

　　最長壽的花——是一種熱帶蘭花，能開放 80 天才凋謝。

　　最短命的花——是麥花，只開 5 ～ 30 分鐘就凋謝。

最耐乾旱的花——是令箭荷花，又稱仙人掌花。

最毒的花——是迷迭香。聞之後令人頭昏腦漲，神經系統受損。

最臭的花——是土蜘蛛草的花。其味如臭爛的肉，它利用臭味引誘蒼蠅等傳播花粉。

顏色和品種最多的花——是月季花。全世界有上萬種，顏色有紅、橙、白、紫，還有混色、串色、絲色、複色、鑲邊，以及罕見的藍色、咖啡色等。

最會變顏色的花——是石竹花中的一個名貴品種。這種花早上雪白色，中午玫瑰色，晚上是漆紫色。

曇花開放的祕密

　　曇花是仙人掌科曇花屬,原產於南非、南美洲熱帶森林,屬附生類型的仙人掌類植物。性喜溫暖濕潤和半陰環境,不耐寒冷,忌陽光曝曬。其花潔白如玉,芳香撲鼻,夜間開放,故有「月下美人」之稱。本屬約有20個種、3000多個品種。曇花引入中國僅有半個多世紀的時間,品種較少,常見栽培的只有白花種。但是,「曇花一現」的成語卻在中國廣為流傳,這是由於曇花只在夜間開放數小時後就凋萎的緣故。

　　曇花究竟能開放多長時間,這與當時的氣溫有一定的關係。一般情況,7～8月份多在夜間9～10點鐘開,至半夜2～3點鐘凋謝,花開4～5小時;如

在9月下旬至10月份開花,則多在晚上8點左右開放,至凌晨4～5點鐘凋謝,花開8～9小時。為了改變曇花這種晚上開花的習性,使更多的人更方便地觀賞到曇花的真容,可採用「晝夜顛倒」的方法,使其白天開放。

當花蕾開始向上翹時(花前4～6天),白天搬入暗室或用黑布罩住,不能透一點光,從上午8點至晚上8點共遮光12小時,晚上8點後至翌晨8點前,利用適量的燈光進行照射,這樣處理4～6天,即可使曇花在白天開放,時間可長達1天。

如欲使曇花延緩1～2天開放,可以臨近開花的時候,把整個植株用黑罩子罩起來,放在低溫環境下,它便可以按照人們預定的日期開放。

曇花還有一種特性,不開就一朵也不開,要開就整株或一個地區的同種曇花同時開花,因此,一株栽培管理良好的曇花,夏季往往同時開放幾十朵花,開花時清香四溢,光彩奪目,蔚為壯觀。

048

　　總之，曇花夜間開花是它自身生物學特性決定的，要想讓它白天開花，人們一直採用「晝夜顛倒」的技術措施。但是，為什麼曇花開放的時間這麼短？是體內營養的關係，還是另有原因？曇花體內是否有一種特殊的控花激素，致使整株或一個地區的同種曇花一齊開放？這種訊息又是怎樣傳遞的？這些問題目前還沒有明確解釋，有待於人們去揭曉。

花兒為什麼能散發香氣

　　2400 多年前，古希臘哲學家德謨克利特聞到花香，想到丹桂花開，香飄十里，曾思考著有一種香氣微粒在四處飄蕩。

　　真是這樣嗎？是的。大部分香花的花瓣中都有一種油細胞，能分泌出一種香味濃烈的芳香油，這種芳香油分子很容易揮發，瀰漫空間，香氣四溢。但是，有一部分香花並不產生芳香油，而是花中含有一種配糖體，配糖體經過分解，也能散發香氣。

　　花的香氣並不是專供人陶醉用的，它是花求取昆蟲幫它傳粉的「語言」。因此，花香又被稱做「異種

傳信素」。

　　此外，花的芳香油的擴散，可以減少花瓣的水分蒸發，使它不致因日曬而枯萎；不致因寒冷而凍壞。

　　人類喜愛花香，用花熏茶，做成香甜的花茶；用花提煉芳香油，製造香精、香脂和藥品。在國際市場，1 公斤茉莉油可換 1 公斤黃金，1 公斤玫瑰油相當於 4 公斤黃金。

植物的「五官」和感覺

　　加拿大渥太華大學生物學博士瓦因勃格做了一個有趣的實驗，他每天對萵苣做 10 分鐘超聲波處理，結果其長勢遠比沒多受處理的萵苣要好。之後，美國的一個學者對大豆播放《藍色狂想曲》音樂，20 天後，聽音樂的大豆苗重量竟然高出未聽音樂的 1/4。這些實驗說明，植物雖然沒有具體形態的耳朵，但它們的聽覺能力卻非同尋常。

　　如果你不相信，那麼，請你面對含羞草輕輕擊掌發出聲音，看看含羞草聞聲後是否會迅速將小葉合攏？

052

　　許多植物具有「慧眼」識光的能力，它們自知日出東山，夕陽西下，進而把握了自我開花和落葉時間，如牽牛花天剛亮就開花，向日葵始終朝陽。

　　植物不僅能「看見」光，還能感覺出光照的「數量」和質量。一些北方良種引種到南方，顆粒不收，就是因為植物的「眼睛」對各地的光線不習慣的反應。植物的「眼睛」對光色也非常敏感，不同植物可識別不同光線，以促進自身的生長與發育。

　　植物的「眼睛」原來是存在於細胞中的一種專門色素 —— 視覺色素，植物憑借這種「眼睛」，從根到葉尖形成完整而靈敏的感光系統，對光產生既定反應，如花開、花合、葉子向左向右、變換根的生長方向等。

　　植物界中不僅有靠根吃「素」的植物，而且還有靠「口」吃「葷」的植物，食蟲植物或稱食肉植物便是這類植物。這些植物的葉子變得非常奇特，它們形成各種形狀的「口」，有的像瓶子，有的像小口袋或

蚌殼，也有的葉子上長滿腺毛，能分泌出各種叠來消化蟲體。植物靠「口」捕食蚊蠅類的小蟲子，有時也能「吃」掉像蜻蜓一樣的大昆蟲。它們分佈於世界各地，種類達 500 多種，最著名的有瓶子草、豬籠草、狸藻等。

真是奇怪，植物還有嗅覺靈敏的特殊「鼻子」。例如，當柳樹受到毛蟲咬食時，會產生抵抗物質，3米以外沒有挨咬的柳樹居然也產生出抵抗物質。

這是為什麼？原來，植物有特殊的「鼻子」——感覺神經，當被咬的樹產生揮發性抗蟲化學物質後，鄰樹的「鼻子」能及時「嗅」到「防蟲警報」，知道害蟲的侵襲將要來臨，於是就調整自身體內的化學反應，合成一些對自己無害，卻使害蟲望而生畏的化學物質，達到「自衛」的目的。

更為驚奇的是，植物還具有相當特殊的「舌」的功能，它能「嘗」到土壤中各種礦物營養的味道，於是使植物「拒食」或「少食」自身不喜歡的礦物質，

多「吃」有用營養元素。

　　如海帶就有富集海水中碘元素的能力，忍冬叢喜歡生長在地下有銀礦的地方。植物的「舌」功能選擇性非常強，如果吃了自己不喜歡吃的礦物，會表現出奇形怪狀。例如，蒿苣在一般土壤中長得相當高大，但如果「吃」了土壤中的硼，會變成「矮老頭」。

　　植物將土壤中的礦物元素或微量物質濃集到體內的現象，為「生物富集」。人們透過生物富集現象，以找到相應的地下礦藏，也就是植物探礦。如今，植物探礦已成為尋找地下礦藏的重要方式之一。

　　目前，生物科學的研究工作常常得到植物「五官」功能的啟發，相信在不久的將來，一定會有纍纍碩果的。

植物分酸甜苦辣的奧祕

　　甜甜的蜜橘、酸酸的葡萄、苦苦的黃連、辣辣的尖椒，我們之所以能感受到這麼多的味道，一方面是由於我們舌面上有味蕾感受器，另一個原因是由於植物本身就有酸甜苦辣的獨特味道。

　　為什麼蔬菜、水果能有各自的味道呢？這是由於它們本身所含的化學物質的作用。

　　首先說說酸。說能酸掉牙的酸葡萄吧，含有一種叫酒石酸的物質，還有酸蘋果所含的是蘋果酸，酸橘中所含的是檸檬酸，等等。

　　與之相對應的人的酸覺味蕾是分佈於舌前面兩

側，所以，酸溜溜的感覺總是從舌邊上發出來。

　　有甜味的植物是因為體內含有糖分。比如葡萄糖、麥芽糖、果糖、半乳糖和蔗糖等。這裡邊甜味最大的則非果糖莫屬，而且果糖更利於被人體消化吸收；其次是蔗糖，難怪以蔗糖為主的甘蔗、甜菜吃起來甜得要命。

　　感受甜味的甜覺味蕾分佈在人的舌尖上，如果想知道某種水果甜不甜，用舌尖舔舔就清楚了。

　　許多苦澀的植物是因為它們含有生物鹼的緣故。以苦聞名的黃連，它就含有很多的黃連鹼；黃瓜、苦瓜是它們含有酸糖體的緣故。

　　而苦覺味蕾多分佈於人的舌根處，當吃過苦的食物後，那苦澀的滋味就在人的喉嚨裡經久不散了。

　　下面說一說令人滿頭冒汗的辣。植物的辣味，原因複雜。辣椒的辣是因其含有辣椒素；菸草的辣，是因其含有菸鹼；生蘿蔔的辣，是其中含有一種芥子油；生薑的辣，是薑辣素作用的結果；而大蒜則含一種有

特殊氣味的大蒜辣素。

　　人們對辣的感覺，是各味蕾共同作用的結果，所以吃辣的食物就能滿口生辣。植物的酸甜苦辣，真的讓人的舌頭回味無窮。

057

關於植物情感的祕密

科學家們經過研究發現，植物有類似「喜、怒、哀、樂」的情感現象。

一、「喜」

美國有兩名大學生，給生長在兩間屋裡的西葫蘆旁各擺了一台錄音機，分別給它們播放激烈的搖滾樂和優雅的古典音樂。

8個星期後，「聽」古典音樂的西葫蘆的籐蔓，朝著錄音機方向爬去，其中一株甚至把枝條纏繞在錄音機上；而「聽」搖滾樂的西葫蘆的籐蔓，卻背向錄音機的方向爬去，似乎在竭力躲避嘈雜的聲音。你可以透過這個實驗明顯看出，植物對輕柔的古典音樂有良好的反應。

二、「怒」

美國測謊器專家巴克斯特進行了一次有趣的實驗：他先將兩棵植物並排放在同一間屋內，然後找來6名戴著面罩、服裝一樣的人，他讓其中一人當著一棵植物的面將另一棵植物毀壞。由於「罪犯」被面罩遮擋，所以無論其他人還是巴克斯特本人，都無法分清誰是「罪犯」。然後，這6人在那株倖存的植物跟前一一走過。當真正的「罪犯」走到跟前時，這棵植物透過連接在它上面的儀器，在記錄紙上留下了極為強烈的信號指示，似乎在高喊「他就是兇手！」可以說植物的這種反應，與人類的憤怒有些類似吧。

三、「哀」

巴克斯特還做了另外一個實驗，他把測謊器的電極接在一棵龍血樹的一片葉子上，將另外一片葉子浸入一杯燙咖啡中，儀器記錄反應不強烈。接著，他決定用火燒這片葉子。他剛一點燃火苗，記錄紙上立刻出現強烈的訊號反應，似乎在哭訴：「請你放過這

片葉子吧！它已經被燙得很難受了，你怎麼忍心再燒它呢？」前蘇聯一些生物學家也做過類似的實驗：把植物的根部放入熱水後，儀器裡立即傳出植物絕望的「呼叫聲」。

四、「樂」

日本一些生物學家用儀器與植物「對話」獲得成功，當他們向植物傾訴「愛慕」之情時，植物會透過儀器發出節奏明快、調子和諧的訊號，像唱歌一樣動聽。印度有一個生物學家，讓人在花園裡每天對鳳仙花彈奏 25 分鐘優美的「拉加」樂曲，連續 15 周不間斷。他發現，「聽」過樂曲的鳳仙花的葉子，平均比一般花的葉子多長了 70%，花的平均高度也增長了20%。現代科學技術的發展，不斷給人們提出一些新的課題，比如上面講到的有關植物的類似「感情」的現象應當如何來解釋呢？按我們已有的知識，僅僅能將這類現象歸結於植物的應激性，但要說明各種現象的機理，恐怕還需要後人不斷的探索。

植物是否也有血型

人類的血液有 A 型、B 型、O 型和 AB 型 4 種。近年來，科學家指出：植物也有血型！

植物的所謂「鮮血」，只是形態似血而已。植物學家指出：它只是一種含有鞣質、糖和樹膠一類紅色的液體罷了，沒有動物血液所具備的運輸養分、攜帶氧氣等複雜的生理功能。

日本科學警察研究所法醫、第二研究室主任山本，考察了 500 多種植物的果實和種子，並透過實驗研究了它們的血型，結果發現山茶、辛夷等 60 種植物屬於 O 型，珊瑚樹等 24 種為 B 型，單葉楓為 AB 型。

植物為什麼具有血型呢？根據對動物血型的研

究，山本認為：某些植物的「血液」，是由紅色、不太透明的黏性液體所組成，其中液體裡的糖蛋白，決定了它們的血型。

　　植物的血型物質除了充當能量的儲藏倉庫外，由於它黏性大，似乎還擔負著保護植物體的任務。

仙人掌類植物
為什麼多肉多刺

063

仙人掌類植物屬仙人掌科，有 2000 多種。它的葉片退化成刺狀、毛狀，莖都變成多漿、多肉的植物體。形態變化無窮，千姿百態，有圓的、有扁的，或高、或矮，有的是長條狀，有的軟乎乎，也有柱形直立似棒和短柱疊疊成山，真是形形色色，古怪奇特。

仙人掌類植物為什麼會出現這種多肉多刺的古怪形狀呢？這是因為仙人掌類植物的老家是南美和墨西哥，長期生長在乾旱沙漠環境裡，為了適應這種生存環境，多肉多刺的形狀主要作用就是為了減少蒸騰和儲藏水分。

　　大家知道，植物生長需要大量水分，但吸收的水分又大部分消耗於蒸騰作用，葉子是主要蒸騰部位，大部分水分從這裡跑掉。

　　據統計，植物每吸收 100 克水，有 99 克從植物體裡跑掉，只有 1 克保持在體內。在乾旱環境裡，水分來之不易，為對付酷旱，仙人掌乾脆堵住水分的去路，葉子退化了，有的甚至變成針狀或刺狀（一般把它看做變態葉），從根本上減少蒸騰面，緊縮水分開支。

　　有人做過實驗，把同樣高的蘋果樹和仙人掌種在一起，在夏天裡觀察它們一天的失水量，結果是蘋果 10 ～ 20 公斤，而仙人掌卻只有 20 克，相差上千倍。

　　另外，仙人掌的多種多樣的刺，有的刺變成白色茸毛，可以反射強烈的陽光，藉以降低體表溫度，也可以收到減少水分蒸騰的功效。

　　仙人掌類植物一方面最大限度的減少水分蒸騰，一方面卻大量儲水。沙漠地帶水少，如果不儲備水分，

就隨時有乾死的可能。

065

　　仙人掌的莖幹變得肉質多漿，根部也深入沙漠裡，這是它長期練出的另一抗旱本事。這種肉質莖能夠儲存大量水分，因為這種肉質莖含有許多膠狀物，它的吸水力很強，但水分要想散逸卻很困難。仙人掌之類植物正是以它體態的這些變化來適應乾旱氣候，才得以繁殖生存。

　　總之，仙人掌類植物的多肉多刺性狀的作用，就是為了減少水分蒸騰和儲藏水分，是它適應生存環境的需要。

　　至於仙人掌類植物的多肉多刺是否還有其他作用？它的多肉多刺是如何演變的？怎樣從沙漠環境下適應人工栽植環境的？在人工栽植環境下它的古怪形狀有沒有退化的可能？紅色和黃色花只有靠嫁接才能生活嗎？……所有這些問題都還有待於人們去研究。

植物「自衛」
的本領和絕招

　　植物沒有神經系統，也沒有意識，如果受到其他外來物的侵擾，如何進行「自衛」呢？可是，科學家們卻發現了一些耐人尋味的現象。

　　1981 年，美國東北部的 1000 萬畝橡樹，受到午毒蛾的大肆「掠奪」，葉子被咬食一空。可是奇怪的是，第二年，橡樹又恢復了勃勃生機，長滿了濃密的葉子，而午毒蛾也不見了蹤影。

　　森林科學家十分驚奇：沒有對橡樹施用滅蟲劑和採取任何補救措施，而作為極難防治的午毒蛾又是如何消失的呢？科學家們採摘了橡樹葉進行化學分析發

現：葉中的鞣酸成分已明顯增多，而這種鞣酸物質如被午毒蛾咬食之後，能與其體內的蛋白質相結合，使得害蟲很難進行消化。於是，午毒蛾就會變得行動遲緩，漸漸死去或被鳥類啄吃。這個事件說明，橡樹看來也有「自衛」能力。

在美國的阿拉斯加原始森林中，野兔曾氾濫成災，它們過多的食用植物根系，啃吃草木，大大破壞了森林植物。正當人們費盡心思而效果甚微，感到束手無策之時，他們驚喜地發現，許多野兔生病、拉肚而大量死亡。

這又是怎麼一回事呢？

科學家們經過研究發現：森林中曾被野兔咬得不成樣子的草木，在長出的新芽、葉子中竟不約而同地產生了一種化學物質——僚烯，使野兔在咬食之後生病、死亡，數量急劇減少，進而保護了森林。這是不是也在證明植物的「自衛」能力呢？

英國植物學家對白樺樹進行觀察，竟發現，白樺

樹在被害蟲咬食後，樹葉中的酚含量會大增，而昆蟲是不愛吃這種含酚大而營養低的葉子的。不僅白樺樹如此，楓樹、柳樹也有如此本領。

不過在害蟲離去之後，樹葉中的酚含量又會減少而恢復到原來的水平，這是否又證明了植物的「自衛」能力呢？

美國科學家還發現，柳樹、械樹在受到害蟲的危害後，還能產生一種揮發性物質「通報敵情」，使其他樹木也產生抵抗物質。

植物的「自衛」還有「絕招」，那就是產生類似於激素的物質，使害蟲在吞吃後能喪失繁殖能力。

由此可以看出，植物似乎真有一種「自衛」能力，看來人類的確要保護植物，沒準哪一天惹怒了它們也要遭受報復的。

植物的頑強生命力

　　海拔四五千米的高山和地球南、北極，氣候寒冷，冰天雪地，但在一片白色的世界裡，卻不乏植物的綠色身影。

　　這些植物有一個特點，就是身體矮小，甚至一些墊伏植物像墊子一樣伏於地上。它們的莖極短，密生著許多分枝，這些分枝和上面的葉子緊貼地面。就憑這副驚人的模樣，它們與狂風進行了一次次成功的較量。雖然莖短，但它們的根卻很深，一方面固定了自己，一方面最大限度的吸收養料。

　　在南、北極，地衣像給荒原披上了一層薄毯，甚至還有一些開花植物，如極地罌粟、虎耳草、早熟禾

等。植物的抗寒能力竟這麼強！

　　還有一些植物，卻能在「烈火中永生」。中國海南有一種海松，特別耐高溫、不怕火燒。這是因為它有獨特的散熱能力，木質又十分堅硬，所以人們取海松木做成菸斗，長年煙熏火燎也不能傷它一根毫毛。還有常春藤和迷迭香這類植物遇火不燃，頂多只是表面發焦，能阻止火災蔓延。

　　落葉松有一層很厚的但幾乎不含樹脂的樹皮，大火很難將其燒透，就算被燒傷，樹幹還會分泌樹膠，蓋好「傷口」，防止細菌侵入。因此，一場大火後常常是落葉松的天下了。

　　植物中的一些種類，真可謂不畏嚴寒、不懼烈火的勇士了。

能夠「行走」的植物

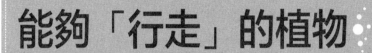

　　一株植物，除非有人移動，否則一輩子都在一個地方定居，這似乎是天經地義的，但是，確實有一些能夠「行走」的植物。

　　有一種名叫甦醒樹的植物，生物學家們在美國東部和西部地區都發現了這種植物的蹤跡。

　　這種植物在水分充足的地方能夠安心生長，非常茂盛，一旦乾旱缺水時，它的樹根就會從土中「抽」出來，捲成一個球體，一起風便把它吹走，只要吹到有水的地方，甦醒樹就將捲曲的樹根伸展並插入土中，開始新的生活。

　　在南美洲祕魯的沙漠地區，生長著另一種會「走」

的植物——「步行仙人掌」。

　　這種仙人掌的根是由一些帶刺的嫩枝構成的，它能夠靠著風的吹動，向前移動很大的一段路程。根據植物學家的研究，「步行仙人掌」不是從土壤裡吸取營養，而是從空氣中吸取的。

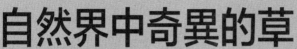

自然界中奇異的草

一、指南草

在中亞細亞，盛產一種草，人們稱它為「指南草」。這種草的特殊之處是：在陽光照射下，它的葉子總是從北方指向南方，人們根據葉尖的位置就能辨別方向，這對旅行的人來說簡直太方便了！

二、長腿草

在南美洲有一種草，名叫「卷柏」。在乾旱季節，它的根能從地下跳出，整個身體蜷縮成圓球狀，然後隨風滾動，到了潮濕處就扎根生長。遇到乾旱，它便再尋新居。

三、測醉草

巴西亞馬遜河流域生長著一種奇特的「含羞草」，

凡是飲酒過多的人走近它，濃烈的酒味就會使它枝垂葉捲。因此，當地常用這種草測試那些飲酒後開車的人。

四、瘦身草

在印度有一種不可思議的野生草，肥胖的人服用後會逐漸消瘦下來，故名「瘦身草」。印度傳統醫學用該草治療肥胖症已有 2000 年的歷史。

日本東邦大學醫學部名譽教授番井勉先生，對該草的藥效做了研究，認為「瘦身草」能使人體攝入的一半糖分不被吸收，進而降低新陳代謝的速度，達到減肥的目的。如今，「瘦身草」已成為風靡日本的一種健美藥品。許多人服用後，體重明顯下降，有人服用該藥，兩個月體重就減輕 7.6 公斤，減肥效果十分顯著。

五、石頭草

在美洲沙漠中有種草，樣子就像沙漠中的小圓石，當地人叫它「石頭草」。剝開這種草來看，圓石

部分原來是兩片對合的葉子。因為長在沙漠中，所以葉子裡儲有水分，顯得圓鼓鼓的。這種草雜生在真正的石頭中間，使人分不清是石頭還是草。

美洲沙漠中有不少食草獸類，這種草就利用它的偽裝本領逃避了被吞食的災難。有趣的是，從「石頭草」兩片葉子中間的小孔中，還能開出朵朵美麗的小花來。

六、能測溫的草

在瑞典南部有一種名叫三色鬼的草，人們管它叫天然的「寒暑表」。因為這種草對大氣溫度的變化反應極為靈敏。在20℃以上時，它的枝葉都斜向上方伸出；溫度若降至5℃時，枝葉向下運動，直到和地面平行為止；當溫度降至10℃時，枝葉向下彎曲；如果溫度回升，則枝葉就恢復原狀。

七、鹽草

牙買加生長著一種鹽草，它的莖和葉中含有鹽分。當地居民割回鹽草，洗淨曬乾後放在鍋裡煮，再

將液汁曬乾，水分蒸發後便留下了鹽。50公斤鹽草可提取3、4公斤的鹽。這種鹽的味道並不次於一般的海鹽。

八、紙草

在非洲尼羅河下游盛產一種闊葉狀似蘆葦的水草，古埃及人採下加工，稱為「紙草」。在造紙術尚未發明之前，它是地中海沿岸各國通用的「紙張」，許多古代文獻是賴「紙草」保留下來的。現在，這種「紙草學」已被公認為歷史學的一門輔助學科。英文「紙」（Paper）即從「紙草」（Papyrus）一詞而來。

九、燈草

在岡比亞西部的南斯朋草原，長著一種紅色的能發光的野草——「燈草」。這種草的葉瓣外部長著一種銀霜似的晶素，彷彿上面塗了一層銀粉。每到夜間，「燈草」葉瓣上的晶素就閃閃發光，好像在草叢裡裝上了無數只放光的「燈」。在「燈草」集生的地方，

會亮得如同白晝，使周圍的一切都看得很清晰。因為「燈草」能發光，當地居民就把它移植到自己屋門口或院門口，作為晚上照明的「路燈」用。「燈草」的根莖還含有 40％以上的澱粉，磨成粉末，可以代替糧食。

　　另外，哥倫比亞西南森林裡有一塊稱作「拉戈莫爾坎」的草地。「拉戈莫爾坎」在哥倫比亞的尼賽人的土語中就是「光明的草」或「放光的草地」。原來，這塊草地上生長出的草，細短而勻稱，葉瓣碧綠略帶黃色，草柔軟如綢，而且長得濃密。遠遠向草地望去，彷彿地上鋪上了一塊平整翠綠的地毯。一到晚上，這塊草地就一片光明，宛如被月亮照亮的大地一樣，然而可能此時天空裡並不見一輪月影。那麼，這些光是從哪裡來的呢？「放光的草地」在還沒有被科學的解釋之前，人們都認為這是「神光」，是神所賜放出來的，這就使草地蒙上了一層神祕的色彩。但是如果你仔細觀察就會發現，光是從草瓣上閃耀出來的。由於

這種草能夠製造一種叫「綠螢素」的螢光素，所以它的草瓣能發出光來。即使將這種草割下來曬乾，在黑暗中它也能閃光很長一段時間才漸漸「熄滅」。這就是放光草地的祕密。

十、蜜草

在南美洲巴拉圭草原上，有一種野生的奇草，它的葉面經常分泌一些黏性汁液，葉和莖中含有一種很甜的物質——蜜草素，它比蔗糖還要甜300倍。因此人們稱它為「蜜草」。「蜜草」的莖很高，葉小，花呈白色或紫紅色，聚生在一起，呈傘狀。當地瓜拉尼印第安部落的人常到草原去採集它，然後曬乾磨碎，做成一種他們喜愛的飲料，來代替糖。「蜜草」對人體無害。當地農場已開始試種這種草。

十一、烏龜草

南美洲荒漠中生長著一種像烏龜殼的草，它的莖很矮，外表有不規則的花紋，當地人稱為「烏龜草」。有趣的是，這種草的殼很難透水，每當下過雨後，它

就會從殼上很快伸長出一根綠色細長的鞭狀莖來吸收水分。天氣乾旱時，這些長出來的枝葉很快就會死去，仍然只剩下一個烏龜殼；等到再次下雨後，才重新長出鞭狀莖來吸取水分。

079

十二、耐旱草

非洲有一種名叫「塔爾布察·埃勒干斯」的耐旱草，是一種在完全缺水的情況下不致枯死，稍有降雨便能返青的「甦生植物」，能在長期乾旱條件下生存。這種草在脫水2年之後，一經澆水，僅需2～3小時，便能使顏色變得青青的。

十三、電線草

西印度群島上生長著一種奇特的草，竟能生長在電線上，人們稱它為「電線草」。這種草屬鳳梨科，又叫鐵蘭，莖上生葉，葉重疊為蓮座狀，葉中含有大量水分，足夠在空中生活之用。

自然界中奇特的樹

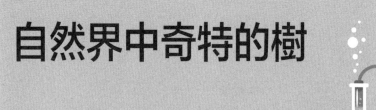

一、會造酒的樹

日本新潟縣有一種罕見的老杉樹，能造出香味撲鼻、味道醇濃的美酒。原來這種樹的白色樹汁裡，含有很多糖分，這種糖分在氧氣不足的時候，就會發生奇特的變化，生出酒精，造出地地道道的美酒來。

二、產牛奶的樹

南美洲的熱帶叢林中，當地居民在一種名叫「索維爾拉」的樹上弄「牛奶」喝。他們用小刀將樹割一個刀縫，讓白色的樹汁流出來，然後再在樹汁中加點水，用火去煮。這樣，樹汁便成了一種可口的飲料。不僅顏色像牛奶，甚至成分和味道也和牛奶差不多。

三、結麵包的樹

在熱帶，有一種釋迦果樹，從樹枝、樹幹到樹根都結滿了「麵包」，大小像足球，重三四斤。

摘下來用火一烤，清香撲鼻，不但味道很好，而且營養豐富。當地人民除了把它當做糧食外，還用它來造酒、做成果醬。

最有趣的是這種樹的種子，也是一種食品，用糖一炒，味道就和糖炒栗子差不多。五棵這樣的麵包樹，足足可以養活一家七口人。

四、能製米的樹

東南亞的一些島嶼上，盛產一種可製米的樹，用它製出的米不但能食用，而且不怕蟲蛀。這種樹高約 15 米，樹幹含有豐富的澱粉。

開花前將它砍倒，刮出裡面的澱粉，經過水浸、沉澱、乾燥等處理，就可以加工成潔白均勻的人工米——西谷米。它遠銷各地，譽滿全球。

082

五、長滿蠟燭的樹

巴拿馬有一種奇怪的樹,樹上結著一條條的果實,不僅外形很像蠟燭,而且含有大量的油脂,只要用火一點,就能像人造蠟燭那樣發出均勻柔和的光亮來。當地居民把它摘下來,夜晚用來照明,既經濟實用,又不冒黑煙。

六、洗衣肥皂樹

阿爾及利亞一些地方的居民,常常把沾有油污的髒衣服用繩子捆在一種名叫「普當」的樹上,幾個小時後,將衣服取下來,用清水一漂,衣服立刻就會變得乾乾淨淨。原來,這種普當樹的外皮生有許多小孔,能分泌一種黃色的液汁,去污能力很強,完全可以與肥皂相媲美。

七、會下雨的樹

斯里蘭卡科倫坡市的林蔭道上有一種葉長一尺多,中間凹陷像一隻碟子的「播雨樹」。夕陽西下時,它起勁的吸收空氣中的水分,並儲存起來。一到中午,

烈日當空時，葉子細胞就會突然展開，水便一瀉而下，
灑在行人的頭上，令人感到十分暢快。

八、會笑的樹

在盧旺達的首都植物園裡，風一吹過，滿園會爆
發出哈哈大笑聲，但卻見不到一個發笑的人。細察時，
才發現笑聲是從一種樹上發出來的，這種樹長有許多
皮果，果殼裡有很多小滾珠似的皮蕊，被風一吹，皮
蕊敲著皮果的脆殼，就會發出「哈哈」的笑聲。

九、會使人發笑的樹

阿拉伯的一些地區，生長著一種矮小而能結黑色
果實的樹。人吃了這種果實，就會止不住的發笑，長
達半小時之久。不過，少吃一點卻可以治病，當地人
常用它來治療牙痛。

十、會「吃」人的樹

在印度尼西亞的爪哇島，一有種樹叫「奠柏」，
它的軀幹流著膠液，可以製成藥品。可是這樹很奇特，
它能捕捉活人，使其成為它的美味佳餚。因此，人們

要採集膠液則必須冒險。

「奠柏」長著許多柔韌的枝條，人們只要觸及其中一根枝條，全樹馬上得到警報，立刻伸開所有的枝條，像海洋裡的巨型八爪魚那樣把人捲住，人脫不了身，被樹枝流出的液體黏著，然後慢慢被消化，成為樹的養料。

但當地居民在與其長期打交道的過程中，卻發明了對付它的有效方法。他們先用一籮筐鮮魚撒在樹枝上「餵飽」它，「吃飽」了魚的樹就懶得再動，於是採集膠液的工作便可開始了。

由此看來，這種食人樹的「特異功能」也並不像傳說中的那麼可怕，關鍵是看你能否有對付這類食肉植物的方法。

善於「耍花招」的植物

通常，人們都認為，在地球生命的舞台上，植物永遠扮演著弱者的角色。它們沒有奔跑、跳躍和飛翔的本領，只得聽任昆蟲和鳥獸囓咬啄食。

然而，近年來植物生態學家們發現，植物竟像動物一樣狡猾，一樣詭計多端。為什麼動物會甘心情願的替植物「牽線做媒」、傳授花粉呢？這就是植物施展詭計的結果。

一、能巧設陷阱的植物

生長在歐洲的海芋百合花會發出一股難聞的臭味，把一種嗜食腐肉的小甲蟲吸引過來。誰知小甲蟲

剛爬上它那杯子形的花瓣，便踩到了花瓣內側分泌的一種油滑液體，一下子就滑到了「杯子」的底部。這時，小甲蟲是無法逃出這個「陷阱」的，因為四周花瓣的內壁上都長滿了倒刺。

陷阱底部的雌蕊上，會分泌一種蜜汁，於是甲蟲便貪婪的吮吸起來。它的身體不時碰撞雌蕊四周的雄蕊。這些雄蕊個個像武俠小說中的暗器機關，甲蟲一碰上，立刻從中射出一串串花粉，沾在這個不速之客的身上。

一天以後，花瓣內壁的倒刺自行萎軟，油滑的液體也已乾枯。這時，渾身沾滿花粉的甲蟲爬出了陷阱。可是用不多久，它又被別的海芋百合花所吸引，跌入了新的陷阱，這樣它就把花粉傳授了過去了。

二、暗藏機關的植物

在南美的熱帶叢林中，有一種與眾不同的金粟蘭，它是依靠林中的小老鼠傳授花粉的。老鼠通常在夜間出來活動，金粟蘭也在夜晚開花，同時花中會分

泌一種有香味的蜜汁來吸引老鼠。它的花朵只有 1.5 英吋長，倒懸著就像一隻隻小鈴鐺。老鼠聞到花蜜香味，就跑到花前，用兩隻前爪捧住花朵大吃花蜜。這時，由於老鼠爪子的壓力，花朵中暗藏的彈簧機關被打開了，噴射出來的花粉弄得老鼠滿頭滿臉都是。老鼠吃完花蜜，就去拜訪另一朵金粟蘭花，不知不覺的便完成了傳粉的「任務」。

三、植物的種種騙術

有一種生長在北美和地中海一帶的蘭科植物，是依靠細腰蜂來傳授花粉的。它既無花蜜，又無香味，只能靠騙術引誘雄細腰蜂。

這種植物的花朵很像雌細腰蜂，花瓣閃耀著金屬般的光澤，宛如陽光下雌蜂的翅膀；花中甚至還能發出雌細腰蜂的氣味！使人驚訝的是，這種花的頂端花瓣縱裂為二，形成兩根黑色細絲，活像雌蜂頭上的觸角；花的表面有流蘇似的紅色絨毛，好像雌蜂腹部的絨毛。這樣，它就能吸引雄細腰蜂前來交配，依靠它

們傳粉。

更為奇特的是一種留唇蘭，花朵的形態和顏色活像一隻隻蜜蜂。一片片留唇蘭在風中搖曳，就像一群好鬥的蜜蜂在飛舞示威。

蜜蜂的「領土觀念」很強，它們一發現假蜂在那兒搖頭晃腦，便群起而攻之，結果正中留唇蘭的下懷。蜜蜂的攻擊對留唇蘭毫無損傷，卻幫助它們傳播了花粉。

四、相依為命的植物

完全靠行騙取勝的植物畢竟是不多的。多數植物還是多少為它們的傳粉使者準備了一點禮物。海芋百合和金粟蘭的禮物是蜜汁，另一些植物則為使者準備了香水。

非洲密林中生長著一種籐本植物，叫科拉尼阿瓜。它是靠當地一種蝴蝶傳粉的。這種植物雌雄異花，花小而色淡，無香又無蜜，唯一能吸引蝴蝶的是雄花中的花粉。蝴蝶愛吃花粉，花粉便成了誘餌。

有趣的是，科拉尼阿瓜總是雄花先開，而且一開一大片。等到蝴蝶飽食花粉之後，雄花便凋謝了。這時，在雄花著生的枝條上才開出雌花來。雌花雖無花粉，卻與雄花十分相像。蝴蝶身上沾著花粉，到雌花中採花粉，就為植物傳了粉。

在這裡，科拉尼阿瓜為蝴蝶提供了食物，而蝴蝶則幫助植物繁殖後代。它們就這樣「相依為命」，結成了生死之交。

為什麼植物會有這些詭計呢？進化論中有一種協同進化的理論認為，在生物進化的漫長年代中，兩個物種在生活中互相影響、互相依賴，就會協同的進化；由於互相聯繫對這兩個物種都有利，聯繫緊密的就生存下來了，不緊密的便被自然所淘汰。經過年代久遠的自然選擇，上述種種有趣現象就出現了。這便是生物進化的偉大力量。

能捕捉小蟲的植物

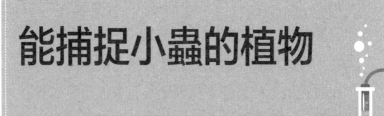

在我們看來，動物吃植物是正常的事。可是，你知道嗎？還有植物吃動物的。

在眾多的綠色植物中，約有 500 種植物能捕捉小蟲，這類植物叫食蟲植物。你想知道它們是怎樣捕食小蟲的嗎？

狸藻是中國各地池沼中常能見到的一種水生植物，雖然它的名字中帶有「藻」字，但是，它是種子植物而非藻類植物。

它的莖細而長，葉如細絲，有一部分葉子變成了特別的捕蟲囊，囊口旁邊生長了幾根刺毛，還有一個能向囊內開的「門」。當小蟲隨流水游入囊中時，就

被關在裡面被狸藻慢慢的消化掉了。

　　茅膏菜也是一種食蟲植物，在中國東南各省常見。它的高度僅 10 公分左右，葉片變成一盤狀捕蟲器，盤的周圍長了許多腺毛。

　　腺毛是植物本身的一種分泌結構，不同植物上的腺毛所分泌的物質不一樣。當小蟲爬到茅膏菜的葉上，腺毛受到刺激就向內捲縮，把小蟲牢牢的「捆住」。與此同時，腺毛也開始分泌消化液把小蟲消化掉。之後，腺毛又慢慢的張開，等待下一個受害者的到來。

　　捕蠅草在世界許多植物園都有栽培，是一種珍奇的食蟲植物。它的捕蟲器形狀很像一個張開的「貝殼」，「貝殼」的邊緣有二三十根硬毛，靠中央還生有許多感覺毛，當小動物觸動感覺毛時，「貝殼」在 20 ～ 40 秒之內就閉合上了，然後靠消化液把小動物「吃」掉。捕蠅草的一頓美餐要花 7 ～ 10 天的時間。

　　在中國的雲南、廣東等南方各省，你可以見到一

種綠色小灌木，它的每一片葉子尖上，都掛著一個長長的「小瓶子」（實為變態的葉），上面還有個小蓋子，蓋子在一般情況下是半開著的。這「小瓶子」的形狀很像南方人運豬用的籠子，所以人們給這種灌木取了個名字，叫「豬籠草」。奇妙的就是它的這個「小瓶子」。

豬籠草的「瓶子」內壁能分泌出又香又甜的蜜汁，貪吃的小昆蟲聞到甜味就會爬過去吃蜜。也許就在它吃得正得意的時候，腳下突然一滑，一頭栽到了「小瓶子」底上，瓶子上面的蓋子便自動關上了，而且瓶子裡又儲有黏液，昆蟲很快就被黏液黏得牢牢的，想跑也跑不掉了。於是，豬籠草便得到了一頓「美餐」。

用瓶狀的葉子捕食蟲類的植物還有很多，在印度洋中的島嶼上就發現了將近 40 種。那些奇怪的「瓶子」有的像小酒杯，有的像罐子，還有的大得簡直像竹筒，小鳥陷進去也別想飛出來。但是要說構造精巧、複雜的，中國的特產──豬籠草的「瓶子」是要排在

第一位的。

　　進入夏天後，在沼澤地帶或是潮濕的草原上，常常可以看到一種淡紅色的小草，它的葉子是圓形的，只有一個小硬幣那麼大。葉面上長著許多絨毛，一片葉子上就有 200 多根。絨毛的尖端有一顆閃亮的「小露珠」，這是由絨毛分泌出來的黏液。

　　這種草叫毛氈苔，也是一種吃蟲草。如果一隻小昆蟲爬到它的葉子上，那些「露珠」立刻就把它黏住了，接著絨毛一齊迅速的逼向昆蟲，把它牢牢的按住，並且分泌出許多黏液來，以把小蟲溺死。

　　過一兩天後，昆蟲就只剩下一些甲殼質的殘骸了。最奇妙的是，毛氈苔竟能分辨出落在它葉子上的是不是食物。如果你和它開個玩笑，放一粒沙子在它的葉子上，起初那些絨毛也會有些捲曲，但是它很快就會發現這不是什麼可口的食物，於是又把絨毛舒展開了。

　　你們從上面一定得出了這麼一個結論：食蟲植物

食蟲全靠它們各種奇妙精緻的捕蟲器。但是，不要忘記這些捕蟲器都是由葉子變化來的。

也許你會問，綠色植物不是自己能製造養料嗎？為什麼這些綠色植物要吃蟲呢？科學家們研究發現，這些植物的祖先都生活在缺氮的環境中，而且它們的根系又不發達，吸收礦質養料的能力較差。

為了獲得它們所不足的養料，滿足生存的需要，經過長期的自然選擇和遺傳變異，一部分葉子就逐漸演變成各種奇特的捕蟲器了。

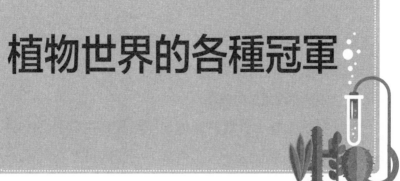

植物世界的各種冠軍

　　自然界中的植物五花八門，變化多端，數不勝數。在這令人眼花繚亂的植物界中，無論是植物生長的快慢，壽命的長短還是植物莖的高矮，花的氣味，果實的大小，種子的輕重等各個方面均不相同。因此，在植物界中也有各種冠軍。那麼，植物界都有哪些世界紀錄呢？

一、樹幹最高的植物

　　世界上樹幹最高的植物是澳洲的杏仁桉樹，最高的一棵高達 156 米，樹幹直入雲霄，有 50 層樓那樣高。如果有鳥在樹頂上唱歌，那麼在樹下聽起來，就像蚊子的嗡嗡聲一樣。第二高的是生長在美國加州的巨杉，它以百米以上的雄偉身姿聞名於世，號稱「世

界爺」。巨杉的「胸圍」（樹幹的周長）可達 30 米，樹齡高達 3000 歲以上。

二、樹幹最矮的植物

在植物界中最矮的一種樹叫矮柳，生長在高山凍土帶，高不過 5 公分。如果拿杏仁桉的高度與矮柳相比，一高一矮相差 1500 倍。生長在北極圈的高山上的矮北極樺也很矮，高度還不及那裡的蘑菇。

三、莖最長的植物

世界上莖最長的植物是產於熱帶雨林的白籐，它的莖從根部到頂部可達 300～400 米，從長度上看，比世界上最高的杏仁桉樹還要長 1 倍多。據說最長的一棵白籐的莖竟達 500 米。因白籐的莖直徑只有 4～5 公分，不能直立，故顯示不出它的高度。它用莖尖和往下彎的硬刺攀緣在別的大樹上，這條帶刺的「長鞭」攀到樹頂後，無處可去，那越來越長的莖只好往下墜，形成無數怪圈套在大樹周圍，因此人們稱它為「鬼索」。這是陸地上莖最長的植物，海洋中莖

最長的植物是巨藻，它的莖長達 300 ～ 400 米，可說
是海中「巨人」。

四、莖最粗的樹

世界上莖最粗的樹，是生長在地中海西西里島埃
特納山邊的一棵大栗樹，名叫「百馬樹」，它樹幹的
周長竟有 55 米左右，要 30 多個人手拉著手才能圍住。
樹下部有大洞可供採栗人住宿或當倉庫，傳說它因能
容納「百騎」而聞名。

五、最大的草本植物

有種叫旅人蕉的植物堪稱是世界草本植物之最。
它有一抱粗，高 7 丈，即有六、七層樓那麼高。有趣
的是它的湯匙狀葉基部裡儲存著大量清水，成為熱帶
沙漠中旅行者的甘美清涼飲料。

六、最小的草本植物

世界上最小的草本植物要數無根萍，它的根退化
了，莖幾乎看不見，只有一小片葉子，花開在葉的下
方。

七、毒性最大的植物

當今世界上毒性最大的植物是「見血封喉」。它的樹皮內含有的乳汁，其毒性極大，吞食微量即可導致麻痺心臟，甚至死亡，若進入眼睛，會使人立即失明。

八、壽命最長的葉

世界上壽命最長的葉是非洲熱帶植物百歲蘭的葉子，它的壽命長達百歲，可謂葉中老壽星。

九、壽命最短的葉

世界上壽命最短的葉是短命菊的葉，只能活3～4周。

十、最大的種子

世界上最大的種子是復椰子樹的種子。復椰子樹的果實重達 25 公斤，剝去外殼後的種子還有 15 公斤之多，種子直徑約 50 公分。

十一、最小的種子

世界上最小的種子是斑葉蘭種子，小得像灰塵，5 萬粒種子只有 0.025 克重，1 億粒斑葉蘭種子才 50

克重。

十二、最大的果實

世界上最大的果實恐怕要數木菠蘿，因為搬動它需要動用起重機械。一顆木菠蘿果實可長到91.4公分長，重量可達36.3公斤，這重量足以壓斷細弱的樹枝。幸好這種巨大的果實並不是結在樹枝上，而是由短而堅韌的柄與樹幹直接相連。俗話說「人不可貌相」，同樣，木菠蘿的好壞也不應僅僅從外表上判斷，雖然木菠蘿的果實具有粗糙的表皮，然而一旦成熟，這種果實的味道卻是十分甜潤爽口的。

十三、分佈最廣的植物

有一種茅草狗牙根，分佈在加拿大、阿根廷、紐西蘭、南非、日本、法國、科西嘉島等地，是世界上分佈最廣的一種植物。

十四、最大和最小的蕨

世界上有6000多種蕨類，以生長在太平洋諾福克島上的一種蕨為最大，其高度可達25米。在蕨類

植物中,中美洲的一種蕨和美洲的一種蕨是世界上最小的蕨。

十五、根最長的植物

世界上根最長的植物是一種野生無花果樹,它的根長達 130 米。這種樹生長在南非德蘭士瓦的東部地區。

十六、歷史最長的樹

在所有樹木中,一種叫銀杏(又叫白果樹、公孫樹)的樹資格最老,它是中國的特有樹種,這種樹 3 億多年前就有了。1690 年,凱普費重新發現了這種樹,這種白果樹被稱為「活化石」。

十七、世界上最大的森林

世界上最大的森林在原蘇聯北部,分佈在從北緯 55°一直到北極圈的廣闊地區內。這些森林的總面積達 2.6 億公頃(占世界森林總面積的 9%),其中 38% 是西伯利亞的樺樹,整個森林面積占前蘇聯總面積的 34%。

植物體內的生物鐘

我們知道，日曆和鐘錶能準確的計算時間的流逝。那麼，生物體裡是否也存在著一種類似鐘錶的時鐘呢？

200多年前，就有人用實驗來尋求這個問題的答案，他們把葉片白天張開晚間閉合的豌豆，放在與外界隔絕的黑洞裡，結果看到葉片依然按節律白天張開而晚上閉合。

這有趣的實驗令人信服的說明：生物體內確實有一種能感知外界環境的週期性變化，並且調節其生理活動的「時鐘」，這種時鐘，人們把它叫做「生物鐘」。

那麼，生物鐘是否也能像鐘錶一樣可以對時、撥

動和調整呢？科學家用實驗作出了肯定的回答。他們顛倒了白天張開晚上閉合的三葉草的光照規律，就是白天把它放在人造夜晚中，夜晚把它放在光照下，經過多次的更改後，葉片的張合就和自然晝夜顛倒了。這說明生物鐘的指針已經被撥動。

但是，當把它再放在自然晝夜中的時候，原來的節律又很快的恢復，鐘又調正校對過來了。

不同的生物有不同的生物鐘，植物體內的光敏素就是控制植物晝夜節律或者開花時間的生物鐘。生物鐘的機制遠比當代最精巧的鐘錶複雜。但是，其中的奧祕到現在還沒有完全被揭開。

對生物鐘的研究，對工業、農業和醫療甚至國防，都有重大的實際意義。例如，植物在一天中吸收不同的無機離子的時間各不相同，如果掌握了這個「進食時間表」，就可以用最少的肥料達到最好的增產效果；心臟病人對毛地黃的敏感性在凌晨 4 點鐘的時候，大於平時的 40 倍，這對掌握用藥的時間，大有益處；

癌細胞的分裂有其分裂週期，如果對分裂的規律瞭如指掌，那麼對癌細胞的惡性生長就制之有術了。

　　隨著科學的發展，對生物鐘的研究，必將在人類生活中產生深遠的影響。

植物界的活化石

　　在地球上的樹木中，最古老的要算裸子植物了，它就是我們通常所稱的松、杉、柏這一植物類群。最原始的裸子植物出現在地球上的時間，大約在距今4億年前的古生代泥盆紀。

　　過了2億年，到中生代的侏羅紀時，裸子植物的發展達到了鼎盛時期。今天，我們所能看見的銀杏、蘇鐵和松柏類等，那時都已經有了。當時的環境遠比現今溫暖濕潤，裸子植物佔據了廣大的陸地。

　　地球上的巨無霸——恐龍，漫遊在由裸子植物和大型樹蕨類構成的森林中，盡情的享受著植物的嫩葉和花果。

　　然而，地球上的氣候並不總是一成不變的。古氣候在漫長的地質年代中也屢經變遷，這給動植物的生活帶來了很大的影響。中生代以後便進入了新生代，這個時代大約開始於 6500 萬年前。在新生代的前期即第三紀時，地球上的氣候仍然較為溫和濕潤。這時，被子植物開始進化，許多闊葉樹與針葉樹一起構成了廣大的森林。

　　但是，到距今 250 萬年前，在進入了新生代晚期即第四紀時，發生了地球形成以來第三次全球規模的大冰期，這就是我們現今所稱的第四紀大冰期。

　　在北半球，冰川由北向南，從高緯度向低緯度推進，氣候變得寒冷乾燥。環境的變遷使得許多植物相繼滅絕。待到冰期結束，冰川退去時，植物與以前已大不一樣，一些原有的植物消失了，地球上已是另外一個天地。所以，人類現在只能憑藉在第四紀前，各地層中的植物化石來認識、瞭解冰期前的那些植物了。

106

　　在歐亞大陸的東南部，也就是中國長江以南地區，由於這裡群山連綿、丘陵縱橫，冰川難以全面覆蓋。當冰川來臨時，植物就沿著南北向的山脈退守南方繼續生長；到冰川退縮以後，植物又可往回遷移生長。這就為保留冰期前的動植物提供了有利條件。因此，中國南方也就成為中生代和新生代第三紀植物的避難所。儘管它們生長的範圍非常狹小，個體的數量也很稀少。但是，它們卻頑強的生活下去，度過了無數的歲月，終於等到了被人類發現的時代。

　　通常，我們把這些冰期以前就存在的、冰期以後仍存活的植物稱為孑遺植物。又因為這些孑遺植物的親屬大多都已作古，成了化石。所以，它們又被稱為「活化石」。

植物的分佈之謎

107

　　地球上的種子植物有 20 ～ 25 萬種。它們的分佈情況十分有趣，有的種類分佈的範圍極廣，例如藜科植物中的藜（又名灰菜），是一種一年生草本植物，喜歡生長在荒廢的地上，特別是垃圾堆附近。春天，靠種子發芽，一長一大片。它們是世界性的廣泛分佈的種，歐、亞、美洲均有，禾本科的狗尾草也是世界性的種。

　　有些種類分佈範圍卻比較窄，如油桐、杜仲皆為中國的特產。有的種不僅分佈範圍窄，而且環境特殊，例如太行花，屬薔薇科，只在河南北部、河北西南部和山西南部能見到，且多生長於乾旱地方或岩石

縫中。又如絨毛皂莢，只在湖南南嶽衡山有，且只有兩株，成為珍稀瀕危植物……

十分有趣的是，有些植物的種的分佈是間斷的，如天麻，屬蘭科。中國東北有，西南有，而華北卻極罕見。木蘭科的鵝掌楸屬只有兩個種，一個種分佈在中國，一個種分佈在美國，中間隔著浩瀚的太平洋，這兩個種的形態十分相似，這也是一種間斷分佈。

植物學家們對植物的分佈，尤其是間斷分佈有濃厚的興趣。他們對為什麼會產生這種現象迷惑不解，卻又捨不得丟下這類問題不管。

近一、二百年來，國內外學者對植物的分佈之謎做了許多的研究，瞭解了一些問題，但有些仍停留在學術討論階段，有些則根本不知是怎麼一回事。

有這樣一些植物，同是一個種，有的居群分佈在東北，有的居群分佈在西南，而華北卻沒有（居群是由同種的個體組成的，居群有大有小，一個種是由許多居群組成的）。居群之間竟可以間隔這麼遠，這就

叫做間斷分佈。天麻屬蘭科，就是上述這樣的種，唇形科的夏枯草也類似，在東北有分佈，在華北沒有分佈，屬長江流域的安徽卻有很多。

　　為什麼會出現這種間斷分佈呢？一些植物學家推想，這些植物原先是不間斷分佈的，後來由於某一地區環境變遷，不適宜於這種植物生長而絕跡，於是就出現了分佈區中的間斷現象。

　　例如天麻，在華北地區本來沒有分佈，忽然有一年在河北省井陘地區發現少量的野生天麻，這說明華北地區以前也曾有天麻分佈。可能因為天麻是著名的藥物，在大量的人工採挖下使它在華北絕跡了，今天偶爾見到幾根，也許是大難不死僥倖逃脫的「幸運」者。從這裡可見人工保護自然植物資源的重要性。

　　間斷分佈會不會是一個種從兩個不同地區起源而造成的呢？這個可能性不大。一般來說，種的起源總是一次，不可能兩次。

　　一個有趣的例子是，在紫草科的附地菜屬中，有

110

一種蒙山附地菜，歷來僅知為山東特產，也只分佈於泰山和蒙山。這是一種極不起眼的小草本植物，花也極小。近些年調查，發現在北京市門頭溝區的龍門澗也有生長，而且是一位業餘採集家採到的，經鑑定確認為蒙山附地菜。

從北京到山東泰山的距離不短，這無疑是間斷分佈。這個間斷地區並無重大環境變遷，那麼為什麼這種小草會間斷分佈呢？

蒙山附地菜不能當菜吃，也不是什麼了不起的中草藥或花卉，因此它不會被人大量採挖，也不大可能是有人從山東帶了它的果實（不管有意或無意）來撒在北京的。因此，這種間斷分佈真不知是怎麼回事了。

色彩在農業上的神奇功用

111

你可知道，把色彩作為農業技術措施，應用於生產這樣的事情嗎？說起來，這還是現代農業技術上的一個新的領域呢！現在，就讓我們來看看色彩在農業上的功用吧！

一、農作物對光線色彩的偏好

植物進行光合作用時，對陽光的七色光譜並不是「照單全收」的。試驗證明：農作物是「愛紅厭綠」的，它吸收最多且光合效率最高的光是紅黃光和藍紫光，綠光最差。

在作物栽培中，如果增加紅光照射就可提高作物

的含糖量。若添加藍色光，則作物的蛋白質含量就有顯著增加。不過，農作物的種類不同，各色的效果也不一樣。據國外報導：胡蘿蔔、甘藍頭等在紅黃光下生長最快，甜瓜在紅光培育下不僅可提早「懷胎」，提前20多天收瓜，而且瓜內糖分和維生素含量也增多。可是在藍綠光下培育的洋蔥，它總是「胖」不起來，長不出洋蔥。

近年來，日本在研究應用彩色薄膜提高蔬菜等作物的產量方面，已取得不少好的成果。他們發現：大多數的作物對紅、黃、藍、紫的色光都有「好感」。不過也有例外，像辣椒之類在紅色膜下，它竟一籌莫展，而在無色膜下它才青枝綠葉，果實纍纍。

還有，栽培在紫色膜下的茄子，其果實既多又大；而在藍色膜下生長的草莓，可謂果如繁星、葉如雲了。凡此種種，不就是應用了色彩的酬報嗎？

二、黑色的效應

黑暗，對綠色植物來說意味著黃化和死亡。所謂

「黑膜除草」就是用黑色薄膜覆蓋地面，使雜草得不到陽光而「餓死」。不過，適當的短期黑暗可產生另一種奇妙的效應。譬如把水稻、黃瓜等「長夜作物」，用黑膜育苗，每天罩上幾小時，延長其黑夜時間，就可提前孕蕾開花，達到早熟的目的。

有一種馳名中外的蔬菜——韭黃，過去它是用瓦缽、糖灰等傳統方法生產的，不僅費工且產量極少，在上市蔬菜中總是「鳳毛麟角」。現在，可以利用黑膜罩將整畦成片的韭菜置於「暗室」之中，進而生產出大量鮮黃、白嫩的韭黃來。

三、銀色的「魔力」

銀色並不為人們所罕見。但它似乎有一種「魔力」。有人曾為防止蚜蟲對農作物的侵襲，在田中插上銀色的屏風，蚜蟲卻「望風而逃」，原來蚜蟲是忌避銀色的。

要說銀色對於農作物的功勳，莫過於「銀膜速生術」了。這在日本用溫室生產蔬菜是非常流行的。他

們種植溫室菠菜時，當種子播下以後，隨即覆蓋上一層銀灰色的塑膠薄膜，4天後就可看到：未用銀膜覆蓋的菠菜子剛剛萌芽頂土，而銀膜下的菠菜卻像著了魔一樣的飛長，竟已長成高達5～6公分的大苗了。

四、彩色選種機

農作物品種繁多，其種子更是形形色色，斑紋色澤各不相同，即使是同一品種，由於種子質量差異，色澤深淺也不一。所以，生產上常以種子的顏色、花紋等性狀作為選種的依據。但這樣的手工選種，不僅誤差大而且效率低。

國外已研發出一種「彩色精選機」，它利用電子對不同色彩有不同反應的原理製成。該機不但可按不同顏色區別種子，而且可以區分顏色深淺的種子，把不合標準色澤的除去，效率比一般選種提高3倍多。

美化居室的理想植物

室內的環境與室外空間環境差別很大，特別在大城市裡，室內的光照比較微弱，濕度小，一般以燈光為主的廳堂、居室只有 200 的燭光光照量；而喜好陽光的植物一般要求 800～1000 的燭光光照量的生長環境。所以，利用陰生（或叫耐陰）植物美化室內環境，是現代生活的趨向之一。現在介紹幾種美化居室的理想植物：

一、翠雲草

又名鳳尾草、藍地拍，為蕨類植物，常綠草木，主莖纖細，不能直立，可倒懸或平鋪；其狀如絨、綢，故又名綠絨草、綢緞草。它的枝上密生小葉如細鱗，故又名龍爪草、龍鱗草。它葉質薄而柔軟，嫩時翠綠

如片片綠雲，逗人喜愛；老時藍光灼灼，十分幽雅嫻麗。《群芳譜》載：「翠雲草性喜陰，色蒼翠可愛，細葉柔莖，重重碎靨，儼若翠鈿。其根遇土便生，見日則消，栽於虎刺、芭蕉、秋海棠下極佳。」說明翠雲草可襯托它花之美，它花也可反襯翠雲草的嫻麗。翠雲草除室內栽培觀賞十分理想外，還可作盆景的「剪苔鋪翠」之用，有助於盆景顯出曠野林木之態，自然山水之美，翠雲草不結實，以孢子繁殖。家庭盆栽觀賞則以分株法進行人工繁殖。

二、麥冬

又名麥門冬，為百合科多年生常綠草本。它性耐旱、耐陰、耐貧瘠，耐零下 17℃低溫，很少病蟲害，生命力很強。葉叢生，絨形，革質。6～7月開花。花莖出自葉叢，花色淡紫或白色，頗艷雅可愛。它終年常綠，是理想的室內盆栽美化居室的植物。

麥冬的根是有名的中藥。產於浙江省杭州、寧波、余姚、慈溪的，質量最佳，特稱為「杭麥冬」。

三、花葉萬年青

屬天南星科。莖直立，木質狀，綠色，葉具柄，呈長圓至長圓披針形，濃綠色，有光澤。是一種常見的室內觀葉植物。

它能在光照 80～150 的燭光光照下，盆栽或插養半年之久，生長不受影響。是室內良好的陰生觀葉植物之一。可用扦插繁殖。

四、假素馨

又名扭肚籐。也是一種極耐陰的半攀緣狀、枝條柔軟，下垂或向上攀緣的半籐本花卉，適宜栽於盆中讓其攀緣他物，以供室內美化之用。

117

一些常見花木中
的有毒品種

　　在眾多的觀賞花木中，有上千種是有毒的，其中有的是全體都含有有毒物質，有的則只是集中在其根、莖或葉片、花朵裡。如果家庭中栽培了有毒花木，就會存在一定的隱患。例如，兒童很可能因無知和好奇而玩弄有毒花木的枝、葉、莖、花、果（子），這樣就難免發生意外。因此，瞭解一些常見花木中有毒品種的知識是非常必要的。

一、一品紅

　　又名猩猩木，聖誕花，是多年生灌木或小喬木。中國北方作盆花栽種，廣東、雲南等地可在地裡栽種，

chapter 1
神奇的植物

氣候適宜常常長成 3～4 米高的灌叢。開花時，頂端鮮紅色的葉片襯托黃色的小花，十分鮮麗。

一品紅是大戟科植物，全株有毒。莖稈中的白色乳汁，含有大戟偽和多種生物鹼，其乳汁接觸到皮膚會使皮膚發熱紅腫；如誤食其葉片，嚴重的會中毒死亡。

二、光棍樹

又名綠玉樹，是多年生灌木或小喬木。北方作盆花種植，南方盆栽或地栽。光棍樹是大戟科植物，原產美洲熱帶乾旱的荒漠地區，為適應乾旱、炎熱的生活環境，它的葉片退化，依靠其綠色的莖稈進行光合作用。光棍樹的綠色小枝，光亮如翠玉，很受人們喜愛。

光棍樹莖中白色的乳汁，含有大戟偽類和生物鹼類物質。乳汁刺激性很強，沾在皮膚上會引起紅腫，誤入眼睛內會引起失明。誤食中毒反應強烈，嚴重者可致死。

119

三、萬年青

萬年青有許多種，這裡介紹的是天南星科的花葉萬年青和彩葉萬年青，均是盆栽花卉，在南方可種植在庭院裡。這兩種萬年青的葉片上有白色、黃綠色或各種顏色的斑點，花謝後，內穗花序上結橙黃或綠色的漿果。

漿果和莖汁中含有草酸鈣針晶體，也有人叫它是水鮮蛋白叠。其汁液有強烈的刺激作用，接觸到皮膚上會使皮膚發炎、紅腫、疼癢。如果誤食花葉萬年青的莖或果實，就會使口腔舌頭黏膜吞嚥困難，味覺喪失，聲帶麻痺，以致不能說話。因此，國外又叫它啞巴竹。

天南星科植物中的很多種類都是有毒的，它們一般結有鮮紅色的果實，美麗誘人，不僅兒童易被誘食，也有成年人誤食中毒的。

用萬年青的汁液或全株浸液拌上餌料可毒殺蟑螂、老鼠。用其浸液稀釋還可噴治花卉害蟲。

四、水仙花

又名雅蒜、天蔥或金盞銀台，是石蒜科植物。原產於地中海，但在中國已有千餘年的栽培歷史。福建的漳州、上海的崇明、浙江普陀島等地，均有大量栽培或半野生水仙花的生產。水仙花的鱗莖中，含有偽石酸鹼，石酸鹼，多花水仙鹼和漳州水仙鹼等多種生物鹼。鮮花中含有揮發油 $0.2\% \sim 0.45\%$，油中主要成分是丁香油酚、苯甲醛、醇、掛皮醇，還含有芸香甙以及異鼠李素鼠李糖等。

誤食水仙的鱗莖，會引起腸炎腹瀉，瞳孔放大，並產生痙攣。用水仙鱗莖搗爛，外敷或塗汁，可醫治癰疽毒瘡等。

五、五色梅

又名馬纓丹、七變花、山大丹、大紅繡球等。是常見觀賞植物，北方各地作盆花栽培，南方作庭園植物。

五色梅是馬鞭草科常綠灌木，全株有一股強烈的

怪味。夏季小枝頂端形成密集的半圓形花序，每序有小花幾十朵，花色粉紅、黃色、紅色、橙黃，全年開花好似多變的綵球。在熱帶地區，五花梅開花以後可結出紫黑色的漿果，如不慎誤食，嚴重的會引起中毒死亡。五色梅的葉片含馬纓丹稀 A、馬纓丹稀 B，前者對羊的毒害較大。此外，還含三萜類、馬纓丹酸、馬纓丹異酸、鞣質、生物鹼等。

六、夾竹桃

又名柳葉桃、柳竹、半年紅，是全國各地常見觀賞植物，北方各地常作盆花種植，長江流域以南各省可地栽，6 月以後開花，花期長達幾個月。

夾竹桃是夾竹桃科植物，枝、葉中含有歐夾竹桃貳甲、乙、丙，去乙醯歐夾桃貳丙和三萜皂貳、芸香貳等。樹皮含夾竹桃貳 A、B、D、F、G、H、K 等。夾竹桃的新鮮枝毒性最強，葉片其次，花的毒性較輕。如果誤食葉、花則噁心、嘔吐、腹痛、腹瀉、指尖或口唇發麻、胡言亂語、心搏過緩，以致死亡。夾竹桃

的枝、葉作燃料時，產生的煙霧也會引起中毒。夾竹桃用作中藥時，可以用極少量（1克以下）熬湯內服，有強心、利尿、袪痰、定喘、鎮痛、去淤功效。有的人自作藥劑，用十幾片或更多葉片熬水內服，而造成死亡。

123

七、黃花夾竹桃

又名番子桃、臺灣桃、竹桃等，是各地常見的觀賞花木。北方盆栽，嶺南可地栽，株高可達5～6米，常綠，6～12月開黃色花，花後結扁圓形果實。

黃花夾竹桃是夾竹桃科植物，果實、樹皮中含黃花夾竹桃偽甲、乙黃花夾竹桃次偽甲、乙等多種成分。誤食其果實、莖葉，會出現頭痛、頭暈、噁心、嘔吐、腹痛、腹瀉，煩躁、胡言亂語，四肢麻木，臉色蒼白，脈搏不穩，昏迷，心跳停止而死亡。

八、黃蟬花

又名黃花夾竹桃，是夾竹桃科觀賞灌木。常見的有黃蟬花和軟枝黃蟬。這兩種黃蟬，北方盆栽，南方

可室外庭園中栽植。軟枝黃蟬還可作花架，走廊的攀緣植物。黃蟬花的樹皮、葉片和種子、花朵及汁液均含有毒物質，誤食會引起腹痛和呼吸困難，孕婦誤食會流產。

九、鬧羊花

又名驚羊花、躑躅花、黃杜鵑、悶心花。是杜鵑花科的落葉灌木，4～5月間，在小枝頂端盛開漏斗狀金黃色花朵。

鬧羊花是一種有毒的花木，花朵中含侵木毒素和石楠素，葉片含黃酮類、杜鵑花毒素和煤地衣酸甲脂。花朵有強烈毒性，接觸和食入都會導致中毒。人畜誤食其花朵後，常會噁心、腹瀉、心跳緩慢、血壓下降，步態蹣跚、呼吸困難，嚴重時呼吸停止而死亡。

十、馬利筋

馬利筋又名蓮生桂子、芳草花、金鳳花。是一年生或多年生草本植物，北方盆栽或作一年生植物地栽，南方可地栽過冬。馬利筋葉片含細胞毒卡羅托貳，

還分出多種卡稀內脂。全株有毒，特別是乳液的毒性
最強。誤食其花葉，會出現頭痛、頭暈、噁心、嘔吐、
腹瀉、煩躁，四肢冰冷，臉色蒼白，脈搏不規則，對
光不敏感，昏迷，甚至心跳停止而死亡。

125

十一、含羞草

含羞草也不可過多接觸，含羞草鹼會使人毛髮脫
落。夜丁香的氣味對人體健康不利，長時間擺在客廳
或臥室，會使人頭暈、失眠、咳嗽，甚至引起氣喘煩
悶，記憶力減退。凌霄的花粉如果被兒童揉到眼裡，
會引起眼部紅腫發炎，且一時難以治好。

五色梅、白花曼陀羅、報春花等花卉的花粉，成
漿液後對人體有害。仙人掌、仙人球的汁也有毒，被
它的刺扎破會引起皮膚發炎。有毒花卉還有烏頭、大
花飛燕草、花毛茛、醉蝶花、洋金鳳、青柴木、佛肚
花、牽牛花、曼陀羅、馬蹄蓮、花葉、刺桐等多種，
在此就不一一詳細介紹了。

在瞭解了常見的觀賞花木中一些有毒的品種之

126

後，當然就不必視花如虎，將有毒花木完全排斥於家庭栽培之外；但是，也不可掉以輕心，要採取必要的防護措施。

　　一、家庭栽培的花木中哪些是有毒的，成人首先要清楚，並逐一向孩子解釋，使孩子牢記：有毒花木不能觸碰、掐弄，更不能啃、咬和食入腹中。

　　二、盆栽的有毒花木，要放在孩子觸摸不到的地方；地栽的要設圍欄，以防孩子貪玩而忘記了囑咐。

　　三、無毒的花木在噴灑花肥之後，也不要觸碰、掐弄。

　　四、家庭栽培的花木不要輕易拿來作藥用（如專門種植藥用花木則是另一回事），必需情況下的藥用，要有醫生指導。

植物的各種預報
的特異功能

127

　　1983 年 5 月 26 日，對於日本來說，是個不尋常的日子，那天中午日本海中部發生了 7.7 級的大地震。就在地震前 20 小時，芙蓉樹根系出現了異常的電流活動，給人們發出了地震警告。

　　事實上，能夠報警的植物遠不止芙蓉樹，印度尼西亞的一種花能預知火山爆發，每當花盛開後，當地便會發生火山爆發，所以島上居民見到這種花開放時，就搬到安全地方去，以躲避災禍。

　　植物不光有「報警」的特異功能，還有報天氣、報礦、報時、報秋等功能。

128

一、植物報天氣

在中國廣西忻城縣龍頂村，有一棵「氣象樹」，它的葉色隨天氣變化而變化：晴天，樹葉呈深綠色，久旱將要下雨前，樹葉變紅色，雨後轉晴，樹葉又恢復原色。

新西蘭有一種花，當花瓣萎縮包捲時，便會出現陰雨天氣；而當花瓣呈伸展狀，開得很飽滿時，晴天朗日就會來臨。

二、植物報礦

自然界裡的許多植物，都具有很強的吸收金屬礦物的本領。金屬礦物被根吸收後又送往植物的莖和葉以及花朵上。有的金屬礦物會使植物的花改變顏色，有的則會偏向的利於某種植物生長。

所以，可以根據某些植物的異常顏色和某些特殊植物的生存，不經化驗也能判明地下蘊藏的金屬礦物。例如，如果某地區花卉的顏色比外地的紅，就表示著該地可能存在鎳礦；某地野玫瑰的花瓣呈現蔚藍

色，即預報該地存在銅礦；如果你發現了叢叢的忍冬樹，就恭喜你發現了一座金銀礦。

此外，有些植物不能在含某種礦物質過多的土壤中生長，如果這類植物的分佈突然在某地中斷，也許下面就有某種礦藏。

三、植物報時

如果你細心觀察過，一定會發現有些葉、花的開放有固定的時間：落花生的葉子迎著朝陽舒展開放，尾隨夕陽閉合下垂；牽牛花凌晨1時開放，芍藥花迎朝霞7時開放，半枝蓮10時綻開五彩花朵，茉莉花17時溢出清香，晚香玉20時花兒放出醉人的異香……也有一些植物的開花有固定的季節：桃花、櫻花春季綻蕾開放，荷花夏季隨風招展，菊花秋天綻出千姿，寒冬臘月則有「倔強」的梅花枝頭傲雪吐艷。

中美洲有一種樹，它的花會隨四季而變換顏色：5月末6月初開紅花，8月末9初開白花，因而被稱為「月曆樹」，真有趣。植物能報時，是因為植物體

內有「生物鐘」，植物就是靠這種內在的「鐘」來測知時間變化，進而有了日週期活動和年週期活動。

四、植物報秋

每個人只要稍微注意一下周圍，便不難發現樹葉能報秋。這是為什麼呢？樹葉中含有 3 種色素，即綠色的葉綠素、黃色或橙色的類胡蘿蔔素和紅色的花青素。春天或初夏，新生綠葉生長迅速，其中的葉綠素成分多，將其他顏色掩蓋住了，所以一般葉子呈綠色。

到了初秋，樹葉經不住低溫的騷擾，開始了變色過程。葉綠素破壞的速度超過了形成的速度，綠色就褪掉了，類胡蘿蔔素或花青素佔了主導地位，葉子就變成黃色或紅色了。

所以，當黃色或紅色的樹葉在風中搖曳時，我們便會知道，那是它們在向人間報秋呢。

CHAPTER 2

奇妙的動物

自然界動物
的進化歷程

　　動物界的歷史，就是動物起源、分化和進化的漫長歷程，是一個從單細胞到多細胞、從無脊椎到有脊椎、從低等到高等、從簡單到複雜的過程。

　　隨著時間的推移，最早的單細胞的原生動物，進化為多細胞的無脊椎動物，逐漸出現了海綿動物門、腔腸動物門、扁形動物門、紐形動物門、線形動物門、環節動物門、軟體動物門、節肢動物門、棘皮動物門。由沒有脊椎的棘皮動物，往前進化出現了脊椎動物。最早的脊椎動物是圓口綱，圓口綱在進化的過程中出現了上下顎、從水生到陸生。

　　兩棲動物是最早登上陸地的脊椎動物。雖然兩棲動物已經能夠登上陸地，但它們仍然沒有完全擺脫水域環境的束縛，還必須在水中產卵繁殖並且度過童年時代。

　　從原始的兩棲動物繼續進化，出現了爬行類動物。爬行動物可以在陸地上產卵、孵化，完全脫離了對水的依賴性，成為真正的陸生動物。

　　爬行類及其以前的動物都屬於變溫動物，它們的身體會變得冰冷僵硬，這個時候它們不得不停止活動進入休眠狀態。

　　陸地上的自然環境多姿多彩，為動物的進化開闢了新的適應方向，爬行動物在陸地出現以後，向各個方向輻射、分化，更高級的鳥類和哺乳類應運而生，當哺乳動物進一步往前發展時，人類終於脫穎而出。從爬行類以後出現的動物都屬於恆溫動物，具有恆定的體溫，能適應各種複雜的環境。

　　總之，生物的進化歷程可以概括為：由簡單到複

雜，由低等到高等，由水生到陸生。

　　某些兩棲類進化成原始的爬行類，某些爬行類又進化成原始的鳥類和哺乳類。各類動物的結構逐漸變得複雜，生活環境逐漸由水中到陸地，最終完全適應了陸地生活。

如何區別動物和植物

　　動物和植物的區別似乎在於能動與不能動。凡是能動的生物都是動物；凡是不能動的生物，都是植物。就大多數生物而言，這樣區分是對的。但如果以能動與否來區別任一生物是動物還是植物，那就錯了。

　　例如，團藻屬植物是一種很小的青綠球形水生植物，它能夠搖動微小的纖毛，在水中活潑地游泳，而不是像浮萍那樣純粹靠水流或風吹才能在水中漂動。向日葵能夠隨太陽轉動，毛氈苔能夠捲起葉子，把爬經其上的昆蟲俘獲，含羞草一經接觸，葉子就合攏下垂，這些都是能動的植物。海綿是一種多孔類動物，但它卻和大多數植物一樣不能走動。

　　從上述例子可知，我們不能單憑能動與否來區別

動植物。區別動植物的較佳方法是從它們如何取得所需營養來區別。所有的動物，毫無例外的要吃有機食物。至於植物，則大多數只需有水，少量礦物質，空氣中的氧和二氧化碳，加上陽光，就能合成自己所需的營養。植物能夠進行光合作用，是因為它們有利用太陽能的「化工廠」──葉綠素。動物和植物基本的不同，就在於植物有葉綠素而動物沒有。

但是，以用葉綠素之有無來判別動植物，也非絕對。因為有些植物根本沒有葉綠素，也像動物一樣靠現成的有機物為生。例如，歐洲有一種叫做齒草的寄生植物，就全無葉綠素，只靠從它的寄主樹上取得的汁液為生。冬菇、草菇、木耳等菌類植物，也沒有葉綠素。因此沒有一個明確的方法來區別動植物，必須結合各種方法及考察情況才能來判別。有的生物介乎動植物之間，無法截然劃分。例如，寄生於菸草的斑駁病毒，就是既非動物，也非植物的生物，也可以說既是動物又是植物的生物。這是不足為怪的。

給動物取名字
為什麼用拉丁文

　　動物學家為了要給 100 多萬種動物各取一個學名，費了不少腦筋。最初一種動物的名字，往往由幾個拉丁字組成。

　　例如獅子的拉丁名（Pantheraleo），中文的意思為「尾端有毛束的貓」。科學性有了，但非常冗長。18 世紀中葉，博物學家林奈創造了雙名法。他規定一種動物的學名，要由兩個拉丁字組成。相當於一個姓和一個名，缺一不可。

　　1889 年，在第一屆國際動物學會上，曾試圖以此為基礎，制定出一個國際統一的動物命名法規，但卻

無法取得一致意見，結果成了懸案。以後經過不斷的商榷討論，歷時 69 年，才在 1958 年第十五屆國際動物學會議上，通過了《國際動物命名法》。

　　按其中規定，自 1758 年 1 月 1 日以後，誰先第一個給某種動物取了名字，他就取得優先權，任何其他人再給這種動物取名字都是無效的。同時，動物的名字必須用拉丁文，因為這是一種已經「死亡」的文字，不會變化。

動物界的寄生和共生

現代人都懂得和重視合作,「合作生存」在生物界也是屢見不鮮的。這種現象被稱為「共生」。印度有一種身體碩壯、勇猛力大的犀牛,它是哺乳動物,眼小而近視,行動笨拙,皮膚雖似鐵甲,但皺褶處很薄嫩,裡面棲生著寄生蟲和吸血昆蟲,刺螫得它奇癢難受。

而一種叫牛鷺,又名剔食鳥的小鳥,卻專門啄食犀牛身上的小昆蟲充飢,這種鳥棲息在犀牛背上,不但為犀牛抓了癢,還幫它警戒,因而性情暴躁的犀牛對牛鷺從來都是熱情接待,和睦相處。

非洲的鱷魚和千鳥也是一對相互依隨的好友。當

鱷魚爬上海灘曬太陽，千鳥便飛來停歇在它身上啄食寄生蟲。鱷魚也經常張開嘴，讓千鳥自由進入口腔啄食牙齒間的食物殘屑和舌頭上的水腔等寄生蟲，所以人們又稱千鳥為「牙籤鳥」。

萬一鱷魚打盹或閉嘴時把鳥關在嘴裡，千鳥只要用身體撞一撞它的牙齒，它便習慣的把嘴張開，讓小鳥飛出去。如萬一遇到敵情，千鳥還能向鱷魚報警。

非洲的導蜜鳥和蜜獾的合作更為有趣。導蜜鳥尋找蜂蜜的本領很出色，但尋到後卻不善於取蜜。當它看到林中的蜜獾，就唧唧喳喳的叫蜜獾跟它合作。

蜜獾見了蜂巢，儘管有蜜蜂拚命蜇它，也滿不在乎，爽快的吃起蜂蜜，並把導蜜鳥愛吃的蜂蠟留下，這樣兩者就各有所得了。

海洋裡有一種小魚叫「隱魚」，為了免遭大魚的吞食和襲擊，它就鑽進海參的腸臟裡躲藏；因此，海參的內臟成了隱魚的隱身之所，而海參也從隱魚的排泄物中得到可口的食餌。它們相互依存，相得益彰。

還有種「尾巴」尖尖的蝦，叫寄居蟹，總是借空螺殼作為自己的住所。奇妙的是在螺殼上常常住著另一個房客——海葵。海葵的觸手會放出刺絲細胞分泌毒汁，使游到附近的小魚麻痺，然後用觸手把小魚攝入口中作為食物。

而寄居蟹靠了海葵這把「保護傘」，可在螺殼內安居樂業，不受外敵侵犯。即使寄居蟹長大要搬進大的螺殼，它也會用螯鉗把「鄰舍」——海葵一起遷移到自己的「新居」，繼續共同生活，相依為命。

動物界如此，植物界也不乏其例。那附貼在岩石或樹皮上的地衣就是菌類和藻類的共生復合體。藻類細胞裡有葉綠素，能進行光合作用，製造養料。

而菌類沒有這種本領，只能與藻類共享養料——藻類為了維持光合作用，需要水分和無機鹽，而菌類能從周圍環境中貪婪的吸收水分和無機鹽，供給藻類使用。所以，即便在乾燥、嚴寒的條件下，它們也能相依為命的生長。

142

　　就拿人類來說，也有許多難捨難分的「好朋友」。比方說大腸桿菌和腸球菌，寄生在人的腸道中，依靠腸道裡的營養維持生命，同時也為人體製造一些必要的維生素，幫助人體提高消化能力和抗病能力。

　　不過，像這樣一種生物寄生在另一種生物體內，依靠攝取對方營養生活的現象，則叫「寄生」，而不是「共生」。

動物眼睛的機能和動物眼裡的世界

　　動物界的眼睛，不僅有著不同進化階段的巨大差異，還有著脊椎動物照相機眼和節肢動物複眼的分野。在脊椎動物當中，由於生活環境及習性的不同，雖然同是照相機眼，其構造與功能也是千姿百態的。

一、不同動物眼睛的構造和機能

　　動物的行為和運動與自身的視覺機能有著密切的關係。一般說來，行為複雜、飛行或奔跑迅速的動物，視力都較好；行動遲緩的動物，視力較差。

　　動物身體大小不一，頭部到地面距離不同，有的動物（如長頸鹿）適於從高處看東西，有的動物（如

老鼠）則適於貼近地面看東西。從視覺功能對身體的適應程度來衡量，「寸光之目」對於老鼠來說並不是什麼缺陷，老鼠在黑暗中行動的靈活程度已經足以證實這一點。動物有生活於空中、陸地和水裡的區別，它們眼睛的機能差別很大。翱翔於兩三千米高空的老鷹視野寬闊、視力敏銳，能夠準確的發現和辨認地面上小雞、小兔等獵物。這是因為鷹眼有著特殊的構造。視網膜的中央凹是視覺最敏銳的區域，人的每隻眼睛都有一個中央凹，鷹眼卻有兩個中央凹。一個中央凹注視著側前方，另一個注視著正前方；兩隻眼睛的中央凹視野在正前方相互交蓋，形成一個極敏銳的雙眼視覺區，所以鷹眼視野寬闊。鷹眼中央凹的感光細胞每平方毫米多達 100 萬個左右，而人眼只約有 15 萬個。因此，鷹眼要比人眼敏銳（分辨率高）1～2 倍。

　　動物眼睛長的位置取決於頭部的形狀。多數魚類、鳥類以及臉部較長的哺乳類動物，眼睛通常都長在頭部兩側，雙眼相距較遠。人、靈長類動物、貓、

貓頭鷹等臉部短平的動物，眼睛長在頭部前側，兩眼距離較近。不同的動物，視野不同。一般說來，視野呈橢圓形，水平方向寬，上下方向窄。通常都以眼睛在水平方向的視角表示其視野的大小。視野的寬度，與眼球的數目、位置、成像系統（由角膜、虹膜和晶狀體等組成）的構造以及視神經的交叉情況有關。

在成像系統中，晶狀體會聚光線的能力直接影響著動物的視野。動物兩隻眼睛的視神經，在連向大腦皮層視區的途中相互交叉，稱為視交叉。由於視交叉的存在，左眼的視神經衝動傳到了右側腦，右眼的視神經衝動又傳到了左側腦。

視神經的交叉情況和動物的進化程度有密切的關係。魚類、兩棲類、爬行類等低等動物的雙眼長在頭部兩側，視神經大多完全交叉，兩眼的共同視野極窄，只能彼此獨立的看東西，即只有單眼視覺。

隨著進化，哺乳動物的兩眼向頭前部移動，開始有一部分視神經不交叉，兩眼的視野有了部分交蓋，

即有了雙眼視覺。靈長類動物雙眼位於頭部前側，交叉和不交叉的視神經大體各佔一半，雙眼的共同視野大大增加，有了很好的雙眼視覺。由於雙眼視覺的存在，就不但能使動物看到周圍的物體，而且能夠分辨周圍物體的前後位置（視深）、判斷它們之間的距離（視距）。眼睛所具有的這種空間辨認能力，稱為立體視覺。

視野的寬度還與眼睛的數目有關。複眼的視野所以特別寬，就是由許多個小眼的視野加在一起造成的。高等動物因是照相機型眼，其視野已經大到足以從外界獲得大量訊息，但也幾乎都只長有兩隻眼睛。

動物界裡，也有長有兩隻以上眼睛的動物。蜥蜴除頭部兩側各有一隻眼，在頭的頂部還有另一隻眼睛。七鰓鰻也有 3 隻眼。生活在中、南美洲河流和江港裡的一種世界稀有魚類——四眼魚，不僅能向下看清水裡的東西，同時還能向上注視空中的目標。

四眼魚實際上也只有兩隻眼睛，只不過每隻眼睛

都有兩個虹膜瓣，造成兩個瞳孔，把眼睛分成了上、下兩半部分。又由於上、下兩半部分各有自己的焦點，所以當四眼魚沿水面游動時，就在每隻眼睛視網膜的不同部位見到了分屬空中和水裡的兩個物體的像。

　　另有一種跳蜘蛛，長有 8 隻固定於頭部的眼睛：頭部前方 2 個，左、右側各 3 個。其中左、右側較大的 4 隻眼睛的視野加起來，幾乎可以使跳蜘蛛同時看到 360° 的全空間。這種動物先是用側方的那 4 隻眼睛，去探知周圍空間裡是否有它感興趣的物體。如果有，它便掉轉身體，使頭前方的那兩隻眼睛對準感興趣的物體，並使其視網膜做細微的運動，以便看清這個物體細節。

二、不同動物眼睛其精巧和奧妙之處

　　眼睛是動物最精巧的感覺器官，不同的動物又具有自己獨特的視覺機構，進而使它們的視覺機能達到了盡善盡美的程度。人和靈長類動物的眼球可以靈活的轉動，這對於搜尋目標是十分有用的。眼球轉動最

靈活的當推人稱變色龍的蜥蜴，它的眼睛是一種長在向外突出的炮塔形結構頂部的柄穴眼，眼球幾乎可以向任一方向旋轉。而且，每隻眼睛都可以獨立的任意轉動，甚至可以一隻眼睛跟蹤前方的獵物，而另一隻眼睛則朝向背後防備潛在敵害的襲擊。

有些動物，如蛇、鶴等，它們的頭、頸部都比眼睛更易於活動，因而也可以使眼睛靈活的朝向物體。也有些動物，如貓頭鷹和許許多多昆蟲，它們的眼睛是固定不動的。這些動物由於脖子能夠極其靈活的轉動（如貓頭鷹可以轉頭 270°），而能隨心所欲的將眼睛朝向任一方的目標。

要既能看清近處物體，又能看清遠處物體，並且在物體運動情況下保持視覺的穩定，還需要眼睛具有良好的自動調焦機能。動物界完成這一機能的方法，也不是千篇一律的。哺乳類、鳥類等運用了改變晶狀體形狀的方法，魚、七鰓鰻、蛇等採用了像照相機一樣的移動晶體位置的方法，深海魚、四眼魚等使用的

是調整視網膜位置的方法。還有一些動物如蜘蛛和某些鳥類，是利用了改變中央凹的凹陷程度的方法。

　　大多數野生動物，夜晚比白天更活躍。那些在夜晚活動的動物，有的（如貓頭鷹、無翼鳥、鴨嘴獸、袋熊等）是純粹晝伏夜出的夜行性動物，更多的（如狗、狼、狐狸、野牛、野馬、貓、獅、虎、豹等）則是在夜間也像在白天一樣活動的無節律性動物。它們的眼睛都適應了各自的生活環境和習性。俗稱夜貓子的貓頭鷹，它的眼睛佔據了頭部總體積的三分之一，前後方向變得很長，成為一種管狀眼。它的角膜特別彎曲，晶狀體呈圓球狀，瞳孔可以開大到不露虹膜的痕跡。結構上的這些特點，都有利於貓頭鷹的眼睛盡可能多的收集光線。

　　眼睛視網膜的後面，還有一層可以反射光線的薄膜（稱為反光組織），可以將未被視網膜吸收的光線反射回去，重新為視網膜吸收。所有這一切，就使貓頭鷹的眼睛有了極敏銳視覺的夜視眼。以夜幕作掩護

偷吃糧食的小田鼠，只要遇上了夜貓子，那它就休想逃脫被吃掉的命運。那些既在白天又在夜裡活動的動物，它們都有極好的瞳孔調節本領，一般都有反光組織。例如家貓，為避免強光進入眼睛，它的瞳孔在白天成一細縫，而在夜晚則開到最大，它的視網膜後的反光組織，使它能夠充分利用夜晚的微弱光線。

動物界的眼睛，還有許許多多的奧妙之處。橫行的螃蟹，眼睛長在能夠活動的長柄的頂端。體長僅 2～3 毫米的劍水蚤，長的是精巧別緻的掃瞄眼，每隻眼睛活像一架單通道電視攝影機。

蛙眼，只對活動的目標起反應，對靜止不動的物體則一概「視而不見」。鴿眼，有著極佳的識別能力，它不僅可以在人眼視力不及的距離上發現老鷹，又能區分出是吃活食的鷹還是吃腐肉的兀鷹。靈長類動物都有和人一樣的色覺，能夠看到五彩繽紛的顏色。而狗、貓等動物卻不能辨別顏色，它們看到的景物畫像就和黑白照片一樣⋯⋯

動物嗅覺裡隱藏著的奧祕

151

　　動物有許多奇特的感覺器官：兀鷹有一雙「千里眼」，兔子有一對「順風耳」，那麼狗呢？則有一隻嗅覺靈敏的鼻子。狗能分辨出 200 萬種以上不同濃度的氣味。

　　狗鼻子的嗅覺靈敏度是人的 100 萬倍！人們用獵犬去打獵；用警犬來追蹤逃犯；在現代，海關人員還利用狗來緝私，找出安非他命、海洛因等毒品和炸藥等危險品；勘探隊員用狗來探礦；工兵用狗來探雷；海防戰士用狗來嗅出敵方從海底潛來的蛙人。

　　科學家已根據狗鼻子的特點，製造成功「電子

鼻」，把它裝在醫院手術室、倉庫、礦井和工廠裡，可以測出空氣中微量的苯、油漆、氨、瓦斯、酸以及其他特殊氣味，其靈敏度已遠遠超過了出名的狗鼻子。

為什麼很多動物的嗅覺器官比人類發達呢？動物的嗅覺裡還隱藏著哪些奧祕呢？

一、動物嗅覺靈敏的奧祕

從解剖學的觀點看，人腦屬於「新腦」，大腦皮質高度發達，而嗅葉則萎縮，僅留一個很小的嗅球。人的鼻腔內，嗅膜面積約為 5 平方公分，嗅覺細胞約有 500 萬個。而動物腦屬於「古腦」，很多哺乳動物的鼻腦有很大的嗅葉，鼻腔因嗅覺需要，充分發育，鼻內有較大的嗅區。就拿狗來說，鼻腔內嗅膜面積占 150 平方公分，嗅覺細胞竟達 2.2 億個之多！

嗅覺是怎樣引起的？當空氣中的氣味分子接觸嗅覺感受器後，就刺激嗅覺細胞，嗅覺細胞將刺激迅速轉換為輸入脈衝訊號，由嗅覺神經傳到大腦嗅區。動

物的嗅覺之所以特別靈敏，不但說明動物的嗅覺感受器有極其敏感的接受能力，也告訴我們：動物大腦的嗅區有高超的終端識別力。

二、動物的「化學語言」

動物會發出化學氣味進行通信、交談，這就是動物間的「化學語言」，也叫化學訊息素。

螞蟻、蜜蜂等昆蟲就是利用氣味來區分敵友、獵取食物、傳遞消息、發出警報、決定行動、尋找配偶和促進發育的。離開了氣味，這些動物就不能生存。

有的雄昆蟲在交配前會產生像檸檬、花朵、巧克力、麝香那樣的香味，以激發雌昆蟲。雌狗發情時會分泌出對一羥基苯甲酸酯的化學氣味來吸引異性。

動物還有自衛的「化學武器」。有一種節足動物，當遭受攻擊，它就頭朝地、尾抬高，噴射出一股對苯偁的臭氣還擊敵人。黑尾鹿遇到危險，會從腿外側的腺體分泌出一種香草那樣的氣味來迷惑敵人。

三、化學氣味的奇妙功效

動物對化學氣味的愛、憎這一習性，可以用來引導、捕捉有益的生物，防治有害的生物。

為什麼蚊子專愛叮某些人呢？是因為這些人皮膚上的汗氣味最討蚊子喜歡。人的汗裡有賴氨酸和乳酸。用人工合成的賴氨酸和乳酸可以吸引蚊子，再滅殺掉。

在 250 種鯊魚中，有近 50 種會傷害人。鯊魚的嗅覺尤其敏銳，只要聞到極少量人或血腥的味道，就會從遠處撲來。用海綿浸漬醋酸銅和黑色染料做成的防鯊劑，掛在潛水員身上，當凶殘的鯊魚向潛水員撲來時，就會突然轉身嚇跑了。

鯊魚聞到了什麼？原來鯊魚聞到了類似它同伴屍體腐爛時所發出的氣味。

很多動物的嗅覺和味覺是混雜在一起的

　　如果你感冒，鼻子不通，吃起東西來就不會覺得有滋味。舌苔很厚，飲食也不會覺得有味。高明的廚師烹調一定講究色香味齊全。透過視覺、嗅覺和味覺的綜合作用促使胃口大開，遠比單一感覺的效果要好。事實上味覺和嗅覺是如此的相似，以致一些低等動物對化學物質的感覺很難分清嗅與味的界線。嗅覺和味覺都是化學性感覺，都是化學分子與感覺器官相接觸產生電訊號，傳給大腦形成感覺。所不同的是你可以離李子較遠而聞到李子的香味，但是，你要知道李子的味道就非得親口去嘗一嘗。

　　人和哺乳動物的味覺感受器主要是分佈在舌背面的味蕾。舌背面有許多細小的突起，叫乳突。乳突可分為3種：輪廓乳突，分佈在舌根部，約有8～12個，排列成倒八字形；菌狀乳頭，分佈在舌尖和舌的邊緣部，這兩種乳突裡面，味蕾很多。絲狀乳突沒有味蕾。此外，還有一種葉狀乳突，普通哺乳動物都有，但人類則已退化掉，這種乳突也含味蕾。乳突中散佈有神經纖維。

　　味蕾在口腔黏膜的其他部位也有分佈。味蕾呈球狀，由2～12個紡錘狀的味細胞和支柱細胞構成，味細胞上有剛毛突出在味蕾上方的味孔處。

　　味覺有探測溶解在水中的物質的能力。一種特定的食物味道取決於它對幾種味蕾的聯合效應。人有4種基本味覺，即酸、甜、苦、鹹，加上辣合稱五味。一般舌尖主要感覺甜味，舌的邊緣感覺酸味，舌根主要感覺苦味，鹹味則整條舌都能感覺。

　　人舌非但能嘗出何種味道，而且還能嘗出這種味

的濃淡，一直到現在，國際上名酒等飲食評比，都還是以人的品嚐為主。人的味蕾約有 10000 多個。動物中兔子約有 17000 個，牛有 25000 個左右，鳥舌中味蕾較少，一般只有 20～60 個。但是鴿子能嘗出一粒穀中富含蛋白質的部分和富含澱粉的部分。

　　並不是所有的動物都有舌，也不是所有的味感覺器都分佈在口中。原生動物和海綿用整個身體去嘗味。蒼蠅的口器上有一片海綿狀小板，叫唇瓣，蒼蠅用它不斷的到處伸探。科學家把唇瓣上一根細毛放入糖液中，並使它接上微電極，可立即在電流計中看到反應，說明蒼蠅感覺到味道，正在作出反應。

　　蒼蠅的前足上也有感覺毛，它們也可用足來品嚐食物，蒼蠅前足對糖的敏感度比口器強 5 倍。蝴蝶的足上也有味感覺毛。有些魚類的觸鬚具有味覺。圓頭鯰能覺察到頭前較遠處向己游來的獵物，如果破壞它的嗅神經，它仍能保持這種能力。但是，如果破壞它的味神經，這種能力便立即消失。

　　淡水魚的味蕾多數分佈在鰓腔內，當水流經鰓腔，同時也經過味蕾，產生味覺。有些魚類數千個味蕾散佈於全身，以此探測整個水域。鯰魚幾乎盲目，它靠味覺來獲取食物，而靠嗅覺來維持其群體生活。

　　在蜥蜴和一些蛇類的鼻腔下面，具有一對由口腔背壁向顎部內凹的彎曲小管，叫鋤鼻器或賈科勃森氏器。管內有許多與鼻腔中的細胞相似的感覺細胞，並且透過嗅神經的大量分支與腦聯繫，並有眼腺分泌物潤滑，就像唾液腺分泌濕潤的口腔一樣。

　　由於毒蛇的唾液腺已演化成毒腺，因此，眼腺可能是替代唾液腺分泌，起濕潤毒蛇口腔的作用。只要空氣中所含的少量化學分子透過鋤鼻器，就能分辨這些分子是什麼物質，可見它有輔助嗅覺的作用。但是，鋤鼻器的末端是一盲端，沒有導向體外的開孔，只有開口於口腔的孔，蛇不斷的用它那分叉的舌頭伸出口外，探測空氣中的氣味，當舌攝取到空氣中的化學分子後，便迅速將舌回縮入口，到鋤鼻器中，產生味覺。

　　剛出生的小蛇雖然從未吃過任何東西，但是，對浸在水中小動物的皮膚，也會吐出舌頭，作出進攻的反應。因此，很難分清鋤鼻器究竟是嗅覺器官抑或是味覺器官，這也說明很多動物的嗅覺和味覺往往是混雜在一起的，因為，它們都靠化學分析的方法起作用。

　　鯊魚對血腥特別敏感，海水中只要有一些新鮮血液，就會引來鯊魚，這究竟是由於血腥的氣味，還是血腥的味道在起作用，確實不易說清，不過有一點是可以肯定的，就是嗅覺和味覺綜合作用要比單獨作用的效能大得多。

　　人們研究動物的味覺器官和嗅覺器官對研製理想的氣體分析儀器是有益的。人們研究和模擬蒼蠅的這些感覺器官而製成小巧而靈敏的氣體分析儀，已被應用於宇宙飛船的座艙中，用來監測氣體；也應用於分析氣體的電子計算機上，對氣體進行精密的分析；還用來監測潛水艇和礦井等逸出的氣體，以便及時發出警報。

豐富多彩的動物語言

　　動物也有著自己的語言。它們不僅有聲音語言，還有許多無聲的語言，例如美妙的舞姿、絢麗的色彩和芬芳的氣味，甚至超聲波也被用作一種特殊語言。

一、聲音語言

　　人們發現，每當敵害來到白蟻的巢穴時，整群白蟻常常已逃得無影無蹤，只留下空「城」一座。為了揭開這個奧祕，昆蟲學家進行了專門的研究。原來，擔任哨兵的白蟻能從很遠的地方，就發出敵情「報告」，用自己的頭叩擊洞壁，通知巢中的蟻群立即撤退。在大自然中，用聲音作為通信工具的動物是很多的。許多鳥都有著清甜多變的歌喉，它們是出色的歌唱家。據說，全世界的鳥類語言共有兩三千種之多，

CHAPTER ❷
奇妙的動物

和人類語言的種類不相上下。

　　有些動物學家對鳥類的各種語言進行了研究，並編成了一本《鳥類語言辭典》。這本辭典是很有用處的。舉個例說，空中的飛鳥對飛機是個很大的威脅，因為飛鳥雖小，但卻能像子彈一樣擊穿飛機，使飛機墜毀。現在有的機場已設立了鳥語廣播台，播送鳥類的驚恐叫聲，以便驅散它們，使飛機安全起飛和降落。

　　動物的聲音語言千變萬化，含義各不相同。長尾鼠在發現地面上的強敵 —— 狐狸和狼等時，會發出一連串的聲音；如果威脅來自空中，它的聲音便單調而冗長；一旦空中飛賊已降臨地面，它就每隔 8 秒鐘發一次警報。母雞可以用 7 種不同的聲音來報警，它的同伴們一聽便知：來犯者是誰，它們來自何方，離這兒有多遠。

　　心有靈犀一點通。有些動物的警報聲，不僅本家族的成員十分熟悉，就連其他動物也都心領神會。例如，當獵人走進森林時，喜鵲居高臨下，唧唧喳喳的

161

發出了警報，野鹿、野豬和其他飛禽走獸頓時便明白了：此地危險，於是它們不約而同地四處逃竄了。

目前，分類學家正在研究，把動物的聲音訊號，作為動物分類的一種指標；生態學家正在探索，如何透過音訊號，來揭示動物行為的奧祕。更引人注目的，則是利用動物的聲音語言來指揮動物，使之按人類的吩咐行事，不得越出雷池半步。

二、超聲語言

蝨、蟋蟀、蝗蟲和老鼠等動物，是用超聲波進行通信聯繫的。蝨有３種鳴聲：「單身漢」蝨唱的大多是婚曲，其他「單身漢」聽到後，會此呼彼應的對唱起來。雌蝨聞樂赴會，並選中歌聲嘹亮者。兩隻雄蝨相遇，就高唱「戰歌」，面對面地擺好陣勢，頻頻搖動觸角，大有一觸即發之勢。當周圍出現危險時，蝨就高奏「報警曲」，聞者便噤若寒蟬，溜之大吉。

海豚的超聲語言是頗為複雜的。它們能交流情況，展開討論，共商大計。1962 年，有人曾記錄了一

群海豚遇到障礙物時的情景：先是一隻海豚「挺身而出」，偵察了一番；然後，其他海豚聽了偵察報告後，便展開了熱烈討論；半小時後，意見統一了——障礙物中沒有危險，不必擔憂，於是它們就穿游了過去。

現在，人們已聽懂了海豚的呼救訊號：開始聲調很高，而後漸漸下降。當海豚因受傷不能升上水面進行呼吸時，就會發出這種尖叫聲，召喚近處的夥伴火速前來相救。有人由此得到啟發，認為今後人們可以直接用海豚的語言，向海豚發號施令，讓它們攜帶儀器潛入大海深處進行勘察和調查，或完成某些特殊的使命，使之成為人類征服海洋的得力助手。

三、運動語言

有些動物是以動作作為聯繫訊號的。在海灘上，有一種小蟹，雄的只有一隻大螯，在尋求配偶時，雄蟹便高舉這隻大螯，頻頻揮動，一旦發覺雌蟹走來，就更加起勁的揮舞大螯，直至雌蟹伴隨著一同回穴。

有一種鹿是靠尾巴報信的。平安無事時，它的尾

巴就垂下不動；尾巴半抬起來，表示正處於警戒狀態；如果發現有危險，尾巴便完全豎直。

蜜蜂的運動語言可算是登峰造極的了，它能用獨特的舞蹈動作向自己的夥伴，報告食物（蜜源）的方向和距離。蜜源的距離不同，在一定時間內完成的舞蹈次數也不一樣。有人因此提出了一個誘人的設想，派人造的電子蜂打入蜜蜂之中，指揮蜜蜂的活動。這樣，不但可以按人的需要收穫不同的蜂蜜，還可以幫助植物傳粉，提高農作物的產量，真是一舉兩得！

四、色彩語言

孔雀是以華艷奪目的羽毛著稱於世的。雄孔雀所以常在春末夏初開屏，是因為它沒有清甜動聽的歌喉，只好憑著一身艷麗的羽毛，尤其是那迷人的尾羽來向它的「對象」炫耀雄姿美態。

現在已經知道，善於運用色彩語言的動物不光是鳥類，爬行類、魚類、兩棲類，甚至連蜻蜓、蝴蝶和墨魚也都能充分利用色彩。

觀察一下背上長有 3 根長刺的刺背魚的體色變化，是十分有趣的。這種魚體呈青灰色，貌不驚人。在交配前夕，雄魚各自劃分勢力範圍，同時腹部出現了紅色，以警告旁的雄魚，趕快迴避。當它追求雌魚時，隨即披上了絢麗的婚裝——腹部泛紅，背呈藍白，煞是好看。待到交配、產卵和魚卵孵化後，雄魚便再度恢復婚前的色彩——紅色的腹部和青灰色的魚體，日夜看守著幼魚。

五、氣味語言

一位昆蟲學家曾經做過一個試驗：把一頭新羽化的天蠶雌蛾，裝進一個用紗布縫製的口袋裡，然後在桌上放一夜。翌日清晨發現竟有 40 多萬頭同種雄蛾闖進了這間房子，將那頭雌蛾團團圍住。天蠶雌蛾既無聲音語言，又無色彩和運動語言，它是靠什麼和雄蛾取得聯繫的呢？

原來，許多昆蟲都是靠釋放一種有特殊氣味的微量物質（氣味語言）進行通信聯繫的。這種微量物質

稱之傳信素。目前，人們已查明 100 多種昆蟲傳信素的化學結構，並根據這些氣味語言物質的作用進行了分類：藉以吸引同種異性個體的性引誘劑；通知同種個體對勁敵採取防禦和進攻措施的警戒激素；幫助同類尋找食物或在遷居時指明道路的示蹤激素；以及維持群居昆蟲間的正常秩序的行為調節劑等。

　　人們發現，運用氣味語言的絕非昆蟲一家，魚和某些獸類也有這種本領。有些雄獸（如許多鹿和羚羊）在生殖季節，能用特殊的氣味物質進行「圈地」，藉以警告它的同夥：有我在此，你必須迴避。

　　各種傳信素的發現、分離和人工合成，不僅為我們揭示動物行為的祕密，也為進而控制、改造生物開闢了誘人的前景。據報導，最近已研製成功一種香味濃郁的「假激素」，蚊子、蛾和小甲蟲等害蟲聞到之後，便會大倒胃口，停止吃食和排泄，中斷發育週期，並不再繁殖後代了。一旦這些研究成果得到廣泛應用，人們對於使用農藥的後顧之憂，也就可以解除了。

動物尾巴的多種功能

世界上形形色色的動物，大多數長著一條尾巴。它們為什麼要長尾巴？原來，不同動物的尾巴，各有不同的功能。

一、戰鬥的武器

老虎是一種兇猛的食肉類動物。它的尾巴像一條鋼鞭。在同其他動物搏鬥時，老虎常常揮動長長的尾巴，向敵手狠狠地抽去。蜥蜴的尾巴則是一種自衛的武器。當別的動物咬住它的尾巴時，尾巴就會自動脫落，而自己逃之夭夭。奇怪的是，過不了幾天，蜥蜴又長出新的尾巴來。

二、偷竊的絕技

老鼠偷油有一招絕技。它先把尾巴伸進油桶內，

蘸著油一滴一滴地往嘴裡送。老鼠偷雞蛋也有絕招：一隻老鼠仰臥地上，四腳把雞蛋抱在懷裡，另一隻老鼠咬住它的尾巴往前拖，兩隻老鼠協同合作，竟把比它們身軀還大的雞蛋偷進洞裡。

三、舵和槳

生活在水裡的魚類都有尾巴。如果抓一條魚來，用兩片輕而平的木片，把魚的尾部和尾鰭綁住，使魚的尾巴失去彎曲的能力，然後把魚放進水裡，這時，魚不僅游速減慢，拐彎轉向也困難了。可見，魚的前進和轉彎是靠著肌肉發達的尾巴來掌舵的。如果把魚的尾鰭剪去，魚在水中雖然照樣可以游動，但速度慢了，尾部擺動的幅度大了，頻率也高了。所以，魚的尾巴好比航船的槳和舵。

青蛙沒有尾巴，但它的幼體蝌蚪卻長著一條尾巴。原來，蝌蚪在水裡生活，用鰓呼吸，用尾巴當槳來游泳。當蝌蚪慢慢長成小青蛙時，由用鰓呼吸變成了用肺呼吸，由水生變成了兩棲，又長出 4 條腿來，

尾巴沒有什麼用處了，這只「槳」也就扔掉了。

四、奇特的語言

　　陸地上最高的動物是長頸鹿，它望得遠，跑得快，遺憾的是它沒有聲帶，發不出聲音來。長頸鹿就以尾代喉與同類進行聯繫。尾巴的不同動作表示不同的訊息。如果它把尾巴完全豎起來，就是在向同伴們說：「快逃呀，有危險！」如果它把尾巴半抬著，就是說：「注意啦，加強警戒！」如果它把尾巴垂下來，就是說：「平安無事啦！」

　　狗的尾巴除起平衡作用外，也是一種語言的奇特表達方式：尾巴豎起表示「威風」，尾巴不動表示「不安」，尾巴夾起來表示「害怕」……當狗看見主人時，不僅搖頭晃腦，而且不停地擺動尾巴，好像在親熱地說：「主人，您好！」

五、有趣的平衡器

　　馬尾巴的功能何在？它不僅可以驅除前來叮咬的蚊蠅，還可以用來打掃身上的灰塵。更重要的是，馬

尾巴還是一種有趣的平衡器。當馬狂奔起來的時候，馬總是把尾巴豎起來，這樣就起到平衡的作用。

六、被子和降落傘

棲居在樹上的松鼠，它的尾巴又大又蓬鬆。松鼠靠著強健的後肢，不僅善於從這棵樹跳到那棵樹，還經常從樹上跳到地面。在由高跳低時，松鼠豎起大尾巴當降落傘，產生一定阻力，減緩降落速度，輕盈安全的著地；睡覺時，它把尾巴當被子，遮蓋在頭上，然後酣然入睡。

七、求愛和惑敵的手段

鳥類的尾巴，一般都用作飛行的方向盤，起平衡定向作用。孔雀的尾巴卻又有一番情趣。雄孔雀因為沒有婉轉動聽的歌喉，所以，每當風和日麗的春夏之際，雄孔雀就會經常展開美麗的尾羽，宛如碧紗宮扇，恰似錦緞彩屏，並翩翩起舞，以此來贏得雌孔雀的歡心和愛情。

這種現象曾被科學家當做「性選擇」的典型例子，

但最近卻受到了挑戰。英國有兩位科學家提出了另一種見解：孔雀開屏，是為了迷惑敵人。他認為：因為其他動物容易被呈現在眼前的活動著的五彩繽紛的形象所迷惑。就在敵人疑惑不定之際，孔雀就可以趁機逃脫了。

八、體溫調節器

猴子的尾巴除了用來攀緣樹枝外，還別有妙用。在炎熱的夏天，猴子把尾巴當做散熱器，冷天，猴子又用尾巴來保護自己不得感冒。如果把猴子關在溫室中，氣溫降低2℃，尾巴的溫度就降低1℃，而體溫不變。猴子的尾巴為什麼具有這種功能？因為它的尾巴裡除了一般的血管外，還有一條直接連接動脈管的中靜脈。因此，冷天裡動脈血就不流過小血管而直接回到猴子體內。

九、行騙的伎倆

響尾蛇因響尾而得名。原來，它的尾巴上有由堅硬的皮膚所形成的角質環。這種角質環圍成一個空

腔，空腔內又由角質膜隔成兩個環狀空泡，就像人們吹的銅殼哨子，有兩個空氣振動器一樣。只要尾巴劇烈的搖動起來，空泡內形成一種氣流，這種氣流一進一出產生振動，就會發出如小溪流水一樣的響聲。

響尾蛇就是利用這種響聲來誘惑那些口渴求飲的小動物受騙上當，進而乘機吞而食之。

十、「手術台」的支點

啄木鳥被人們稱為「森林的醫生」。它的尾巴不同於一般鳥類，羽軸特別堅硬，並且富有彈性，如同一根鋼條一樣。尾羽強韌豎直，分兩束而呈楔形，啄木鳥在給樹木治病——啄食樹洞裡的害蟲時，兩腳抓住樹幹，構成「手術台」上的兩個支點；它又用尾巴支撐在樹幹上，兩束尾羽又構成「手術台」上的另兩個支點，這樣，啄木鳥就能平平穩穩的給樹木動手術，儼然像一位「嘴到病除的大夫」呢！

動物的壽命

　　動物裡壽命最長的要算是烏龜，它可以活到 300 ～ 400 歲；鱷魚可以活到 200 歲；鯨、大象可以活 100 歲左右；猴子可以活 50 歲左右；獅子、駱駝、牛、馬、豬可以活 30 ～ 40 歲；狗、羊可以活到 20 歲左右；貓則只能活到 15 ～ 20 歲。

　　鳥類裡老鷹、烏鴉、天鵝可以活 100 歲左右；鸚鵡、孔雀可以活 20 ～ 50 歲；金絲雀可以活 24 歲；雞隻能活 14 歲。

　　體外細胞培養的研究證明，壽命越長的動物的細胞繁殖代次越多。烏龜細胞可繁殖 90 ～ 125 代；雞細胞只有 15 ～ 35 代。

　　也有學家指出，動物的壽命主要是由體型大小決定的，即體型大的動物壽命也較長。例如，大象的壽命就比較長，而鼠類的壽命則很短。

　　造成這種現象的原因主要有 3 個方面：

　　首先，生物個體越小，代謝活動頻率就越高。例如，最小的哺乳類的心跳速率高達數百次，而壽命卻與單位體重的總代謝水平成反比，代謝速率越高，壽命就越短。

　　其次，生態進化的選擇也使動物向兩個方向發展。一般，個體小的動物產崽多，壽命短。而個體較大的動物產崽較少，但壽命卻較長。

　　再次，個體較大的動物活動範圍大，食源較多，它們對抗捕殺的能力也較強，容易活到生理壽命的年限，而小型動物則恰恰相反。所以，大型動物的壽命通常要長於小型動物。

動物的思維之謎

175

　　在動物與人類共存的過程中，除了人有思維外，動物是否有思維的問題，一直是動物學者們探討和爭論的重點。

　　如果說動物沒有思維，但在實際上，很多動物的行為表現卻好像受到大腦的指揮。比如馬戲團裡的狗、鸚鵡、馬、黑猩猩等，為觀眾表演節目，會像演員一樣表演得準確無誤。騎兵在打仗受傷落馬後，他的戰馬並不棄他而去，而是在他的主人身邊轉來轉去，好似在想辦法救它的主人。

　　有一家人養了一隻貓，它會記住主人上班的時間，每天早晨一到這個時間，它都會把主人叫醒。因

此，他的主人說自從有了這隻貓他就從沒有遲到過。另外，信鴿會送信，大鵝會看家。

這些家畜家禽與人接觸多了，受過訓練。可在野生動物中，有的動物根本未受過訓練，但它們的行為表現好像是透過大腦思維後才做出的。比如海豚搭救遇難的船員，它們為什麼要救船員？沒有經過思索能辦到嗎？

再如大象群如果有同伴死了，它們會集體為它「下葬」，它們先挖坑，然後將死象埋掉。象的復仇心很強。有一家動物園裡的雄性大象因不聽話而被主人打過，它記恨在心，伺機復仇。有一天機會終於來了，它拉了一堆糞便，主人看見後立即拿掃帚簸箕進去為它打掃，它趁機用長鼻將主人頂死。

非洲的一隻小象親眼看到它的母親被獵人殺死後，它被捕捉賣到馬戲團裡當了「演員」。以後它漸漸地長大了，但殺害母親的仇人它一直沒忘。它利用每場演出繞場的機會巡視著觀眾。有一天，當它繞場

時終於發現了那個仇人，它不顧一切的衝到觀眾席上，用長鼻將仇人捲起摔死在地上。

　　北京動物園的一匹雄野馬，有一天看到飼養員打破以往先餵它的慣例，先去餵隔壁的野驢時它即刻發怒了。用它那有力的蹄子踢門，示意飼養員先餵野驢不對。當飼養員過來餵它時，它又踢又咬。野馬的所作所為是否有過簡單的思維呢？

　　一隻海鷗會幫管理人員攔擋遊客免進禁地。有人看到貓頭鷹在找不到樹洞做窩時，會趁喜鵲不在時偷偷佔據樹洞歸己所有。

　　總之，在動物界中，有很多動物行為接近於人類。它們是否有思維，尚待科學家進一步去研究。

究竟先有雞
還是先有蛋

　　「先有雞還是先有蛋」的問題，是人們長期爭論不休，一直沒有明確答案的問題。實際上，蛋的出現比雞的出現早得多，因為早在2.8億年前的二疊紀，爬行類就出現了，而爬行類（如鱷、恐龍等）都會下蛋，而鳥類的出現是在1.8億年前的侏羅紀，雞的出現就更晚了，但有關「先有雞還是先有蛋」實際問的是雞和雞蛋誰先誰後的問題。

　　雞生蛋、蛋孵雞，你若說雞先出現，那麼「沒有蛋雞怎麼孵出來的」？你若說蛋先出現，又會遇到「沒有雞誰下出來的蛋」的問題，真令人無所適從。

奇妙的動物

根據進化論的觀點，雞和雞蛋不存在誰先誰後的問題。雞作為鳥綱中的一個物種，是從原始鳥類分化而來的，而雞蛋是雞的受精卵（指可以繁育出小雞的雞蛋），在雞這個物種形成的漫長歷程中，始終是連接「原始鳥類──雞」進化中一代與一代之間的橋梁。

在雞的形成過程中，有3個因素，即變異、遺傳、自然選擇。「雞」生蛋（較原始時還不能稱為雞），蛋生「雞」，兩代之間並不是完全相同的，同一親代所生的子代總有差異。一隻「雞」可以下許多蛋，但不是所有的蛋最後都能成為成體的雞。

在生存鬥爭中，具有有利變異的個體得到最好的機會保存自己，而有利與無利是由大自然決定的，雞的形成正是由於大自然逐漸保留了它們善奔走、地面活動多、飛翔能力差等變異特徵，而從原始鳥類中分化出來的。顯然，其中遺傳起著保持鞏固變異的作用，透過遺傳使變異得到累積。

經過長期的、一代一代的「雞」到蛋、蛋到「雞」

的過程，在自然選擇的作用下，物種的變異被定向的累積下來，產生物種的分化和新物種的形成，「雞」就慢慢地進化形成了，雞蛋也跟著進化出來，這是一個以百萬年計的歷程，絕不可硬分「雞」和「雞蛋」出現的先後。

動物取暖和避暑的高招

運動可以取暖,動物也知道這個道理。

老虎在冬天奔走時對身旁的動物常常視若無睹,這是因為它們的腦子裡只知道奔跑取暖,並沒有留心在身旁可以捕食的東西。

兔子互相用身體橫著來碰撞,藉以取暖,因為兔子的橫腹位置柔軟光滑,碰起來不會覺到痛。

阿爾卑斯山東部的白鼠,身體比貓還大,它們常常把身體蜷成一團,好像一顆肉球,自山頂滾到山下,然後又跑到山頂去,照樣滾下來,一口氣滾十次八次,直到使身體溫暖為止。

　　為了禦寒，澳洲大戈壁的犀牛常常把整個身體陷進泥沼中，讓稀泥沾滿了全身，離開泥沼，給太陽曬乾了，又再跳下泥沼，如此幾次後，身上帶的泥足有一寸多厚，也可用來保暖。

　　北極常年積雪，氣溫在零下20℃，生長在那裡的動物一般都不怕冷。不過，海象在水下生活，海水結冰後，它們必須跑出水面來，千萬頭海象堆成一個山丘，互相摩擦取得溫暖。

　　除了取暖，動物避暑也有很多高招，比如有以下幾種：

一、水牛漫水

　　水牛皮厚但汗腺少，不易散熱，故喜歡水，常將身體浸在水裡散熱。有的水牛在泥漿裡打滾，也是這個道理。

二、駱駝升溫

　　駱駝為了抗拒高溫和乾熱，採取升高自己的體溫，進而超過外界的氣溫，這樣就不會出汗，又可減

少體內水分蒸發。到了晚間，駱駝體溫隨著外界變化
又降了下來。

三、蜘蛛遮陽

撒哈拉沙漠裡有一種大蜘蛛，會自行挖井，它挖
成一口直徑 25 公分、深 40 公分的井，然後吐絲在井
口織網，可擋住熾烈陽光，它悠悠然地躲在井底下納
涼。

四、肺魚夏眠

非洲一些淺湖裡有一種肺魚，到了夏天，它鑽進
湖底淤泥裡分泌黏液，把四周的泥膠在一起，像蠶作
繭一樣把自己困在裡面夏眠，以躲過高溫乾旱季節。

動物的洄游和遷徙之謎

　　月夜，成群結隊的綠海龜在穿越大西洋的萬頃波濤之後，到達了遠航的目的地 —— 全長僅有幾公里的阿森松島，一個個爭先恐後的爬上海灘。這些大海龜原來生活在南美洲的巴西沿海，是在兩個月前從那裡起程的。在陸地上，海龜的動作遲緩而笨拙；在大海裡，卻游得十分瀟灑而輕鬆，一路上奮力地划動著船槳般的扁平四肢，晝夜兼程，戰勝海流和波濤，游過了 2000 多公里。

　　這些大海龜歷盡千辛萬苦，遠涉重洋來到這孤零零的小島，究竟是為了什麼？晨曦中，沙灘上蠕蠕而動的綠海龜，一個個身影清晰可見。當天亮的時候，

我們可以看清楚了，原來它們是來這裡「旅行結婚」的，一些雄海龜已經爬到雌海龜的背上交配了。

交配之後，雌海龜們在海灘上爬行著，好像在尋找著什麼。終於選中自己的地盤，停了下來，把後肢的長趾伸進沙裡，左右開弓，緩慢而有節奏地挖著。過了一些時候，身後就挖好了一個深坑。

又過了一些時候，一個個圓圓的東西就從海龜的洩殖孔掉落進坑裡──它們在產卵了。產完卵，大海龜就用後肢把周圍的沙子填進坑裡，將卵蓋住。在完成了這個神聖的使命以後，海龜們又爬向大海，成群結隊的開始了返回巴西沿海的旅程。

兩個月後，小海龜破殼而出，一窩蜂似的從沙中鑽了出來，爭先恐後的爬向大海。這些小生命也像它們的父母一樣性急，出生後不久要做的第一件大事就是成群結隊的遠航，游回雙親生活的地方──遙遠的巴西沿海，它們也要尋本求源、落葉歸根。

這種在一定範圍或一定距離之內進行洄游遷徙的

習性，是動物的本能。遷徙的習性，不只生活在巴西沿海的綠海龜有，別的地方的海龜也有，除去海龜之外的其他許多動物也有。

有一種叫做短尾海鷗的小鳥，4月間，它們離開大洋洲南部的產卵地，經印度尼西亞、菲律賓、臺灣、日本、阿留申群島和美洲西海岸，在太平洋上兜過一大圈，9月間又飛回產卵地。

許多魚類也有因產卵、覓食或受氣候變化的影響而沿一定路線遷徙游動的習性，那就是魚類的洄游。生活在渤海灣裡的對蝦，每當冬季來臨時，也要洄游上千公里，到黃海中部和南海去過冬，春季又游回老家。科學家們進行實地考察並做了許多有趣的實驗。他們在海龜、鳥和魚的身上安裝小型無線電發報機，根據其定時發出的無線電訊號，精確的測出了它們的遷徙路線。也有的研究人員借助於特製的雷達系統，跟蹤並確定了一些鳥類的遷飛路線。

科學家們正在競相探索兩個重大課題：各種動物

怎麼會知道它們什麼時候應該起程？在漫長的旅途之上，它們又憑藉什麼辨別方向、認識路線？這是徹底弄清遷徙奧祕，揭開奇妙的遠航之謎的關鍵。

　　鳥類的遷徙飛行，海龜和魚類洄游的特定活動時間，就是由體內的生物鐘確定和控制的。這樣的生物鐘究竟長在什麼地方，究竟怎樣起作用，還研究得不甚清楚。一般認為，鳥類的腦下腺分泌的激素起著控制遷徙節律的生物鐘的作用。當遷徙期來臨時，在這種激素的作用下，候鳥就表現出強烈的焦躁不安，時間一到便迫不及待的登上了航程。

　　至於各種動物為什麼要遷徙，許多科學家認為，這種習性是在數十萬，甚至數百萬年前開始的，原因是周圍環境和生態平衡發生了變化，或者是由於大陸漂移而引起的陸地狀況及地域之間相對位置的改變。例如巴西綠海龜的洄游就被認為是這後一種原因。

　　有證據顯示，8000 萬年以前，阿森松島與巴西海岸之間的距離要比現在近得多，只是後來才漸漸的

變得這樣遙遠。世代的綠海龜為著尋找熟悉的沙灘產卵，也就逐漸遠遊，以至達到今天這樣長途跋涉的程度。動物在長途遷徙過程中，具有奇異的定向、導航本領，總能準確的辨明方向、認識路線，這是依靠了它們的靈敏的感覺器官。鮭魚所以能夠找到特定的產卵地，是因為它們自幼就「記住」了出生地的河水味道。待它們在大海裡長到成年之後，就會在嗅覺器官的幫助下，根據河水的味道游回熟悉的產卵河段。

科學家們進行的實驗證實了這一點。他們先在河的一條支流中捕捉性成熟的鮭魚，並把所有的魚都作了標記。實驗時，把其中一半的鼻囊堵住，然後把所有作了標記的魚都放回到兩支流匯合處的下游，讓這些魚逆流而上重新選擇洄游路線。

結果發現，那些沒被堵塞鼻囊的魚仍能游回它們原來選定的支流，而塞鼻的魚則失去了選擇性，只是盲目的游向任意一條支流。一些蠑螈和兩棲動物也具有這種借助嗅覺進行洄游的導航本領。

　　鳥類的遠距離遷徙本領，主要是得益於能夠感覺各種各樣的環境特徵。很久以前，人們就發現鳥類能夠根據太陽的位置決定飛行的方向，也就是利用太陽作為定向標。許多鳥類靠著體內的生物鐘，在感覺上能夠隨時補償太陽位置的改變，因而總能以太陽的位置確定方位。這就是所謂依據「太陽羅盤」進行導航。但是，太陽羅盤並不是鳥類用以定向和導航的唯一方式。在天空陰雲密佈的情況下，像鴿子等一些鳥類依然可以不受阻礙的返巢就是一個證據。

　　19 世紀末期，科學家們就已經發現一些鳥類具有感覺地球磁場磁力線方向的本領。某些遷飛的鳥類在飛越雷達基地上空時，常常會不由自主地突然改變航向或飛行高度，原因就在於它們的地磁導航能力受到了雷達電磁波的干擾。現已證明，鴿子確實是根據地磁場進行導航的。

　　許多候鳥儘管在棲息地是白天活動、夜晚休息，然而在遷徙時卻是夜間飛行，白天休息。這就使人們

推測這些鳥類可能是根據天空中星星的位置（星象）確定方向、進行導航的。當把一些鳥類放在天文館的人造星空中進行實驗時，證實了這一點，因為人造星空星象變化時，這些鳥也跟著改變飛行方向。

　　至於海龜，除了認為它們借助海流和海水化學成分（味道等……）導航外，有些科學家認為它們還具有憑藉地球重力場導航的本領。

　　根據常識我們知道，要到某地去旅行，光靠能夠確定方向的羅盤還不能順利到達目的地，還必須有一張指明具體路線的地圖。動物洄游和遷飛時，要經過長距離航行而能準確到達目的地，也同樣應該既具備「羅盤」又要有「地圖」。許多動物可以利用各種本領確定方向，已經得到了實驗證實。

　　那麼，什麼是動物使用的「地圖」呢？地球磁場、地球重力場或者夜空的星像是否就是這種「地圖」？關於這個問題，看來還需要科學家的艱苦工作，才能找到確切答案，進而徹底揭開動物遠航之謎。

大雁遷徙
和飛行的奧祕

　　雁是一種大型游禽，大小、外形一般似家鵝，或者比家鵝稍小些，雌雄羽色相似，多數種類以淡灰褐色為主，並布有斑紋，在中國，常見的種類有鴻雁、豆雁和白額雁。

　　雁是一種候鳥，南來北往是嚴格按照季節變化進行的。雁的老家在西伯利亞一帶，春夏季節他們在那兒生活，一到天氣轉冷，就攜兒帶女、成群結隊的向南方遷徙。在科學不發達的古代，關於北雁南飛，卻有一些有趣味的傳說。

　　漢代《楚志》記載：「衡州有回雁峰，雁至此不過，

遇春而回。」衡州即是現在的湖南省衡陽，回雁峰是衡陽的名勝，名列南嶽衡山七十二峰之首，位於衡山的南部。

　　杜甫有一首詩是這樣寫的：「萬里衡陽雁，今年又北歸。雙雙瞻客上，一一背人飛。」在這首詩裡，杜甫也認為大雁飛到衡陽為止。宋之問《題大庾嶺北驛》的詩說得更明白：「陽月南飛雁，傳聞至此回……」大庾嶺在湖南南部，陽月即 10 月。宋代的寇准卻寫詩反駁道：「誰道衡陽無雁過？數聲殘日下春陵。」春陵在今湖南寧遠縣東北部，在衡陽之南，靠近廣東、廣西。由此可見，寇準是否定大雁到了衡陽就返回的。

　　其實，大雁向南飛行是大大超出中國疆土的。據科學家研究，雁南飛的途徑一般有兩條：一條從中國東北，循著沿海地帶到達印度、南洋群島等地；另一條從內蒙古經青海、四川、雲南諸省到達緬甸、泰國、印度和馬來西亞一帶。

雁飛到溫暖的南方以後便開始交配，但要等回到老家（西伯利亞）才產卵。所以，一到來年春天，它們便歸心似箭，日夜兼程飛往北方。

一到目的地，便又匆匆忙忙的在水邊、沙灘用蘆葦、雜草建築窩巢。窩巢造好後，雌雁就在巢內產卵，一般產4～6個。抱卵之責也由雌雁承擔。

四、五個星期後，小雁破殼而出，雙親就帶著小雁戲水覓食。秋風起，小雁就隨著老雁做南國之遊了。

大雁南翔往往數十成群，排成整整齊齊的行列。雁陣的排列，或單行橫空，宛如寫著一個「一」字，或雙行相交，恰好形成一個「人」字。古人稱雁這種排列法為「雁字」。

宋人王奇的《詠雁》詩是這樣描寫的：「隻隻銜蘆背曉霜，盡隨鴛鷺立寒塘。曉來漁棹驚飛去，書破遙天字一行。」

其實，雁群所以要排成「人」字形或「一」字形的隊伍，是因為雁飛行的路程很長，從北方到南方需

要一兩個月的時間，因此路上是夠辛苦的。為了保持體力，飛行中常常利用上升的氣流在空中滑翔。當為首的雁鼓動翅膀時，翅膀尖上就會產生一股微弱的上升氣流，後面的雁就可以利用這股氣流的衝力，在高空中滑翔。這樣一隻跟著一隻，便排成整齊的隊伍了。

另外，雁在飛行時能形成整齊的隊伍，也是一種集群本能的表現，因為這樣有利於防禦敵害。排在隊伍前面的往往是有經驗的老雁，年輕的和體弱的雁，大都排在隊伍的中間。

當大雁的隊伍在上空通過，人們還往往能夠聽到它們「呀，呀」的叫聲，這是雁群用來照顧、呼喚、前進或休息的訊號。

在遷徙的過程中，雁群的休息地點常常選擇蘆葦沼澤地或河邊的沙灘上。在宿營地，經驗豐富的老雁擔任守望工作。一旦發覺敵害，立刻發出驚叫，雁群便有組織、有秩序的飛向空中。

鸚鵡的「模仿」本領

　　為什麼鸚鵡能學人講話呢？科學家經研究發現，它有著特殊結構的舌頭，舌根非常發達，舌尖又細又長、舌上肌肉豐富，而且十分柔軟，轉動靈活；鳴肌「聲帶」也很發達，能在神經系統支配、控制下收縮和鬆弛，調節鳴聲。

　　由於這些優越的生理條件，鸚鵡可以發出與人的低頻聲音相似的低頻聲音訊號，發出比較準確、清晰的音調。

　　不過，鸚鵡的「模仿」本領，都是經過反覆訓練才學會的。中國的大緋胸鸚鵡就很會「模仿」。「模仿」訓練最好在鸚鵡出生 4 ～ 5 個月的時候進行。先

把它掛在安靜的室內，將掛架輕輕左右搖晃，把它的注意力引向模仿人語；教的言語要簡短、清晰，反覆的對它說同一句話，一天重複多次，經過幾星期或幾個月，鸚鵡就能說話了。

逗人喜愛的鸚鵡除了會學人語外，還會學狗叫，學火車鳴笛，有的還能識字通文。據報導，匈牙利的佩奇中學裡，有一位女教師為了測定鸚鵡的智力，破例收了一位「鸚鵡學生」。在教授 4 年匈牙利文以後，經過嚴格的考核，其成績如下，鸚鵡總共識了 100 多個動詞，大約 27 條文法規則。

不僅如此，這隻「鸚鵡學生」竟還能相當準確的「變化」它所熟悉的動詞。

美國加州雀鳥專家富柏維克成功的訓練出能引導盲人的鸚鵡，替代過去由導盲犬擔任的工作。例如「停步」、「向前」、「右轉彎」、「左轉彎」、「注意來車」等簡單的話語。它還能根據訊號燈的顏色和來往車輛向盲人發出上述相應的話來，進而維持盲人的

安全。此外，八哥、鷯哥等鳥也會「模仿」，但比不上鸚鵡聰明伶俐，美麗可愛。

當然，鸚鵡模仿人說話是無意識的，它和人類能夠表達自己思維、交流思想的語言相比，有著根本區別。鸚鵡學會的語言，只能機械的照說、模仿。它也只能學一些簡單的單詞、短句，而且並不理解其中的含意，僅僅是一種條件反射而已。正因為這樣，有時鸚鵡在與人對話時，常常所答非所問，牛頭不對馬嘴，逗得人們捧腹大笑。

野生黑猩猩行為的奧祕

　　在動物界中，和人最相似的動物莫過於黑猩猩了。這是因為黑猩猩和人類的祖先，都是一二千萬年前的古猿，它們有著密切的親緣關係。據此，人類學家認為，要推測遠古時代人類的行為和習性，應該從研究現在的野生黑猩猩中去尋找線索。然而，野生黑猩猩大多居住在茫茫的熱帶森林，那裡荒無人煙，經常有猛獸出沒。這就給研究工作帶來了重重困難。

　　為了揭開黑猩猩王國的神祕帷幕，英國的青年女科學家珍·古德來到了黑猩猩的故鄉——非洲的密林深處，與桀驁不馴的黑猩猩為伍，歷經 10 餘年艱辛

的考察，終於在動物研究史上第一次揭開了野生黑猩猩行為的奧祕。

一、雨中的集體表演

野生的黑猩猩常常三五成群的結伴外出活動，有時候一大群黑猩猩可以達到四五十隻，熙熙攘攘的出動。

在熱帶的雨季裡，古多爾有幸親眼目睹了黑猩猩的集體表演。一群黑猩猩剛爬上山脊歇氣時，頃刻間大雨傾盆而下，頭頂上響起一聲炸雷。一隻公黑猩猩像得到口令似的，立刻直立起來，有節奏地搖晃身子，踏著步伐，高聲的叫喊著。突然，它轉身向下，跳上一棵大樹。

另外兩隻公黑猩猩，幾乎同時跟著它這樣做。其中有一隻在奔跑中折下一根樹枝，拿著它在頭頂上旋舞一陣，然後扔開。另一隻幾乎已跑到山坡腳下那兒，也直起身來，開始有節奏的搖晃遠處的樹枝，然後折下一枝，拖曳著。這時，第四隻公黑猩猩也登台表演

了，最後，剩下的那兩隻公黑猩猩粗野的號叫著向下飛奔。這時，第一隻黑猩猩，這幕活劇的創始者，已經下了樹，正沿著斜坡慢慢地走上去。那些剛趕到山坡腳下，散坐在樹上的黑猩猩，全都跟著它走去。一爬上山脊，它們重新向下猛衝，發出粗野的號叫，並且拖曳著大樹枝。

帶著幼崽的母黑猩猩，都爬到峰頂附近的樹上，坐下來觀看這場演出。瓢潑大雨從天空傾瀉而下，耀眼的之字形的電閃，撕裂著鉛灰色的陰雲，雷聲轟隆鳴響，周圍的一切彷彿都在震盪。

這是何等壯麗的一幕啊！它顯示了黑猩猩的力和美；它從側面告訴人們，原始人是能夠向大自然挑戰的。

二、爭奪王位的鬥爭

黑猩猩的群體內部，有著嚴格的等級關係。在一群當中，必定有一隻公黑猩猩是首領，其他所有成年和幼年的黑猩猩，都圍繞在它的身旁，看它的眼色行

事。當首領走近時，其他黑猩猩甚至會紛紛為它讓道，一邊小聲叫喚，一邊低頭哈腰。但年輕的公黑猩猩長到一定年齡，它們便開始爭奪「王位」了。

有一隻地位低微的公黑猩猩，古多爾叫它馬伊克。每次分配食物它總是輪在後面，任何一隻成年的公黑猩猩都可以威脅甚至攻擊它。可是沒過多久，這隻公黑猩猩居然用計謀奪取了「王位」。

馬伊克爭奪王位的鬥爭，是非常有趣的。有一回，占統治地位的公黑猩猩——戈利亞，和幾隻公黑猩猩正在相互捋毛。在約30米遠的地方，馬伊克突然站了起來，眼睛盯著那幾隻公黑猩猩，開始搖晃手中的空煤油箱：它搖晃得越來越厲害了，連毛髮也直豎起來，還發出一連串尖厲的叫聲。它叫著，躍身而起，狂亂的敲擊著身前的油箱，衝向黑猩猩群。刺耳的喊叫，伴隨著油箱的轟隆聲，造成了難以想像的嘈雜。那些性情平和的公黑猩猩趕緊退到一旁。

過些時候，重新響起了低沉而嘶啞的呼嘯和震晃

油箱的轟隆聲，馬伊克又出現了。它徑直的衝向黑猩猩群，迫使它們再次四散逃開。但是馬伊克不肯就此罷休。為了恫嚇它的主要敵手戈利亞，馬伊克開始第三次逞威。它把油箱弄得轟隆直響，向戈利亞猛衝過去，戈利亞也急忙給它讓路。這時，馬伊克才坐下來沉重的喘氣。

一隻公黑猩猩走近馬伊克，俯身向地，用下嘴唇去吻馬伊克的腿以示順從。然後，它開始快速的為新的統治者抒毛。緊接著，另外兩隻公黑猩猩也照此辦理。

三、尋找食物的技巧

根據觀察，黑猩猩的主要食物是水果，在水果不豐盛的季節，它就找別的食物吃。

古多爾多次看到了黑猩猩「釣」白蟻吃的情景。黑猩猩走近白蟻丘，先用大拇指或食指把封住的洞眼捅開，再找一根樹枝或草棍，伸進洞裡把白蟻釣出來吃。

　　有一回，黑猩猩為了找到結實的籐枝，整整走了15米遠。有好幾次，它們撿起草棍後，握緊手掌把葉子捋掉，使之適合於應用。有時，它們把草棍弄彎了的一頭咬掉，或者乾脆用另一頭；它們經常採摘三、四根草棍放在巢邊，以備隨時取用。事實說明，野生動物不只是簡單的利用東西作為工具，而是將它修整一番，以適合自己的需要。

　　黑猩猩還能用工具來完成各種任務。有時，它們用樹枝剔牙，用麥稈摳鼻子，用石塊搔癢，用樹葉擦身上的泥土，甚至把樹葉貼在流血的傷口上。在發生敵對性衝突時，黑猩猩也會使用石塊和木棍。在旱季缺水的時候，黑猩猩會把嚼過的一團樹葉，像海綿一樣，放進樹洞裡把水吸出來喝。

　　儘管黑猩猩使用物體的能力，與生俱來的，然而古多爾發現，它們的幼崽完全模仿著成年黑猩猩，才逐漸學會正確的使用物體。有一回，一隻患了腹瀉的年輕母黑猩猩，摘下一把葉子擦拭臀部，它那兩歲的

幼崽細心地瞅著媽媽，立即兩次重複做了這一動作。顯然，這對兩歲的幼崽來說是毫無必要的。

過去，許多人都認為，黑猩猩只吃植物性食物而不開葷。如今，古多爾已經發現，黑猩猩在林間轉悠時，偶爾遇見小野豬或羚羊等小動物，就會撲上去將它們弄死，然後飽餐一頓。它們抓住了疣猴，會把它撕成碎片。一次，黑猩猩抓住了一隻年輕狒狒的腿，高高地舉起，將狒狒的頭往石頭上砸去，隨後，時而撕下一片肉，時而還塞進嘴裡一小把葉子，作為配菜，仔細的咀嚼起來。

四、訊息傳遞和情感表達

黑猩猩彼此問候的情景是頗為有趣的。它們向同類欠身，手拉手地擁抱、親吻或用手撫摸對方的臉。有趣的是，從致禮的方式可以確定黑猩猩間的關係。地位低微的黑猩猩向首領問候時，總是伸出手來，或向它低俯著身體；而首領則往往報以應答性的接觸，如碰一碰它的手或頭部，或握住它的手，或撫摸它。

然而，當平等的、親近的朋友相遇，特別是久別重逢的時候，情況就截然不同了：它們飛奔過去，互相擁抱，用嘴唇親吻對方的臉和脖子。

黑猩猩還常常用手勢或彼此接觸來傳遞訊息，表達自己的意思。

比如，一個黑猩猩捕捉到野獸了，別的黑猩猩就會伸出手去，要求對方送給它一些吃。當黑猩猩感到驚訝時，它總是力圖接觸或擁抱旁邊的黑猩猩。當遇到危急時，焦急不安的黑猩猩，一經觸摸自己的同伴，就迅速平靜下來，並恢復了自信。發現了大批果子後，黑猩猩往往喜形於色，彼此狂熱的親吻和擁抱。

這一切和人類行為是多麼的相似呀！從中，我們可以看出古人類活動的一些縮影。

萬識通系列 08

火曜日：自然常識知多少！

編著　　李晏誠
責任編輯　翁世勛
美術編輯　林鈺恆

出版者　培育文化事業有限公司
信箱　yungjiuh@ms45.hinet.net
地址　新北市汐止區大同路3段194號9樓之1
電話　（02）8647-3663
傳真　（02）8674-3660
劃撥帳號　18669219
CVS代理　美璟文化有限公司
TEL／(02)27239968
FAX／(02)27239668

總經銷：永續圖書有限公司

永續圖書線上購物網
www.foreverbooks.com.tw

法律顧問　方圓法律事務所　涂成樞律師
出版日期　2018年12月

國家圖書館出版品預行編目資料

火曜日：自然常識知多少！／李晏誠編著.
-- 初版. -- 新北市：培育文化，民107.12
面；　公分. --（萬識通；8）
ISBN 978-986-96976-1-3(平裝)

1.科學　2.通俗作品

307.9　　　　　　　　　　107017811

※為保障您的權益，每一項資料請務必確實填寫，謝謝！

姓名			性別	□男　□女
生日	年　　月　　日		年齡	
住宅地址	郵遞區號□□□			

行動電話		E-mail	

學歷

□國小　　□國中　　□高中、高職　　□專科、大學以上　　□其他_____

職業

□學生　　□軍　　□公　　□教　　□工　　□商　　□金融業
□資訊業　□服務業　□傳播業　□出版業　□自由業　□其他_____

謝謝您購買 **火曜日：自然常識知多少！**　　　　與我們一起分享讀完本書後的心得

務必留下您的基本資料及電子信箱，使用我們準備的免郵回函寄回，我們每月將

抽出一百名回函讀者，寄出精美禮物以及享有生日當月購書優惠！想知道更多更

即時的消息，歡迎加入 "永續圖書粉絲團"

您也可以使用以下傳真電話或是掃描圖檔寄回本公司電子信箱，謝謝！

傳真電話：（02）8647-3660　　電子信箱： yungjiuh@ms45.hinet.net

●請針對下列各項目為本書打分數，由高至低5～1分。

　　　　　5 4 3 2 1　　　　　　　　　　　　5 4 3 2 1
1.內容題材　□□□□□　　　　2.編排設計　□□□□□
3.封面設計　□□□□□　　　　4.文字品質　□□□□□
5.圖片品質　□□□□□　　　　6.裝訂印刷　□□□□□

●您購買此書的地點及店名_____

●您為何會購買本書？

□被文案吸引　　□喜歡封面設計　　□親友推薦　　□喜歡作者
□網站介紹　　　□其他_____

●您認為什麼因素會影響您購買書籍的慾望？

□價格，並且合理定價是_____　□內容文字有足夠吸引力
□作者的知名度　　□是否為暢銷書籍　　□封面設計、插、漫畫

●請寫下您對編輯部的期望及建議：